川はどうしてできるのか

地形のミステリーツアーへようこそ

藤岡換太郎　著

ブルーバックス

●装幀／芦澤泰偉・児崎雅淑
●カバー写真／斉藤由紀夫／シーピーシー・フォト
●図版／さくら工芸社
●本文イラスト／斉藤綾一
●本文デザイン／土方芳枝

はじめに

私たち日本人は小さいときから川となじみの深い生活をしてきています。海のない県はあっても、川のない県はありません。日本にはいったい、いくつ川があるかと聞かれて答えられる人はほとんどいないでしょうが、おそらく3万5000から4万くらいでしょうか。あるいは無数にあるというのが正解かもしれません。小さな島国に、川はひしめいているのです。

ゆく河の流れは絶えずして、しかももとの水にあらず。

よどみに浮かぶうたかたは、かつ消えかつ結びて、久しくとどまりたるためしなし

鴨長明《かものちょうめい》も『方丈記』にそう書いているように、日本人が川に独特の思い入れをもつのは、川に「流れ」があるからではないかという気がします。一つのところにとどまらず、うつろうさまに、桜を見るときにも似たはかなさや無常さを感じとっているからではないでしょうか。

昔から多くの歌や絵画、文学作品に描かれ、人々の生活の一部にさえなっている川はしかし、学問の対象としてはあまり研究が進んでいないように思います。

私は大学3年生のとき、地質学のゼミでアーサー・ホームズが著した『Principles of Physical Geology』という本を輪読して、ヒマラヤ山脈を越えて流れる川があることを初めて知って驚きました。同じホームズの本にあった、インドネシア海中のスンダ（陸棚）地域に、かつては陸上

を流れていた河川の跡が残っていたという話も強く印象に残りました。ほかにも黄河や揚子江、メコン川などのアジアの大河が流れる道筋の奇妙さなど、常識をひっくり返されるようなことばかりの川のふるまいに、学生時代は大変興味を覚えたものでした。

しかし、そのあと研究生活に入ってからは、川のことはすっかり忘れてしまっていました。周囲にも、河川を専門にしようという研究者はいませんでした。川の研究などは厄介なだけで、目ざましい成果をあげることは至難の業だからです。

川のなりたちを知るのは容易なことではありません。証拠がほとんど残っていないからです。文字どおり、水に流されてしまうのです。川に「流れ」があることが、研究者にとっては大きな壁となっているのです。

ところが、ブルーバックスから『山はどうしてできるのか』『海はどうしてできたのか』という連作を刊行したあと、次のテーマとして「川」が当然のように私の頭に浮かんできました。学生時代に川の本を夢中になって読んだ記憶が蘇ってきました。川の面白さの一つは、地形図を広げて眺めているだけで「どうしてこんなことになっているんだ?」という疑問が次々と湧いてくることです。それらの疑問を地質学のセオリーを駆使しながら解いていくのは、推理小説を読むように楽しいものです。およばずながら自分が探偵役をつとめ、川の謎解きを多くの人に面白がっていただけるような本が書いてみたくなったのです。

執筆にあたっては、ちょっとひねった構成を考えてみました。

まず第1部では、教科書的な川の説明は後回しにして、川が繰り出す魔術のような不思議な現象を次々にご覧に入れ、その謎解きをしていきます。13の謎を私と一緒に解いていただくうちに、川を考えるときの土台となる要素が読者の頭に自然と入るようにしたつもりです。

第2部では、ある一つの川のはじまりから終わりまでを追いかけます。雨粒の「ドリッピー」が川となって冒険の旅をする『家出のドリッピー』という英語学習用テキストを少し意識しています。最初の雨粒が山に落ち、それらが集まって大きな川となり、海へ注ぐまでの物語です。

第3部では、ある川について私がかねてから抱いている疑問から、ふと思いついただけの仮説まで、きちんとした検証は難しいけれど興味をひかれていることを、想像をたくましくして述べてみました。荒唐無稽に思われるかもしれませんが、読者のみなさんもこんなふうに自由な発想で川を見てほしい、という願いも込めています。

このように一見ばらばらな本書を貫いているテーマがあるとすれば、それは「時間」です。川を魔性の地形にしている「流れ」とは、時間の経過そのものです。川をつかまえるには悠久の時間軸を念頭におくことが大切なのであり、それは「山」「海」にも通じる私自身のテーマでもあります。

理屈っぽい話はともかく、まずは川の謎解きをお楽しみください。

川はどうしてできるのか

第2部 川を下ってみよう

第1部 川をめぐる13の謎

謎の1

大河の大迂回 ――黄河と揚子江

黄河と揚子江は中国を代表する大河だが、その流路はじつに謎めいている。それぞれの源流は非常に近いところにあるのに、そのあと黄河は北へ、揚子江は南へと、まったく違う方向に大きく曲がっているのだ。なぜ二つの大河は、このような迂回をしているのだろうか？

北回りの黄河、南回りの揚子江

古代の四大文明がいずれも大きな河川から発祥したのはご存じのとおりです。アフリカのナイル川にはエジプト文明が、イラン・イラクのチグリス・ユーフラテス川にはメソポタミア文明が、インドのインダス川にはインダス文明が、そして中国の黄河には黄河文明が興ったとされて

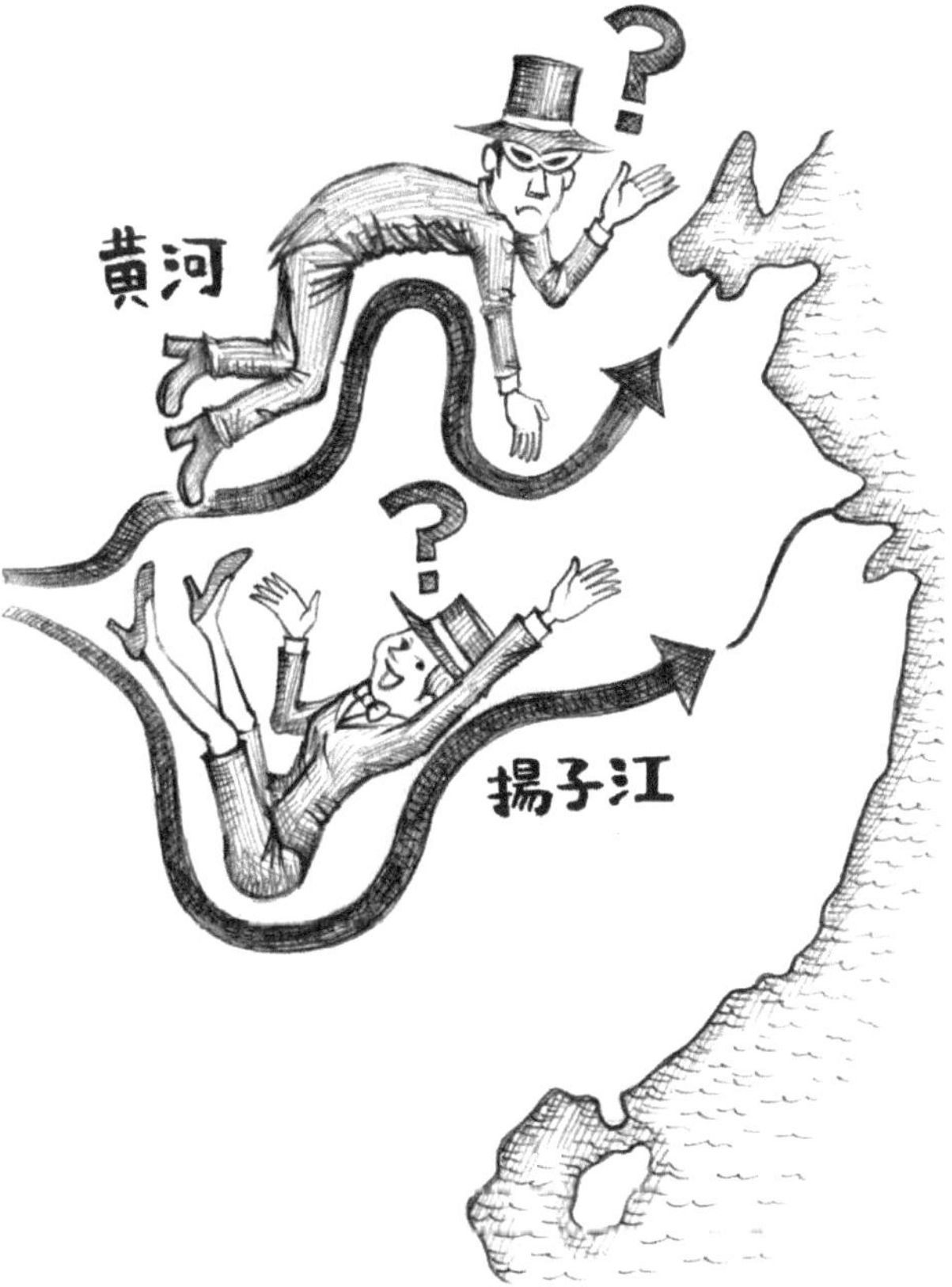
黄河
揚子江

います。しかし中国には、最古の王朝として記録されている殷《いん》よりも古くに、1921年にスウエーデンの地質学者アンダーソンが発見した仰韶《ヤンシャオ》文化や、1930年に中国の李済らが発見した龍山《ロンシャン》文化などが、黄河から揚子江にかけての流域に存在していたようです。中国を代表するこれらの川は頻繁に氾濫し、人々は洪水の被害に見舞われていました。中国の政治家にとって最も重要なことは、人を治めるのではなくて水を治めること、すなわち治水でした。

黄河は長さ5464㎞、世界で7番目に長い川です。驚くべきは長さよりもその流域面積の大きさで、98万㎢と、日本の面積の約2・6倍にもなります。黄河をうたった漢詩は山のようにありますが、王之渙の「登鸛鵲楼」（鸛鵲楼《かんじゃくろう》に登る）はこの大河のありようをよく表しているように思います。

白日依山尽　（白日やまに依りて尽き）
黄河入海流　（黄河海に入りて流る）
欲窮千里目　（千里の目を窮めんと欲し）
更上一層楼　（さらに一層の楼に上る）

一方の揚子江は、長さ6380㎞と世界で3番目に長い川です。流域面積は黄河を上回る11

7万5000㎢で、これは中国全土のじつに5分の1に相当します。揚子江に関する漢詩もたくさんありますが、私のお気に入りは李白の「早発白帝城」（つとに白帝城を発す）です。

朝辞白帝彩雲間（朝に辞す白帝彩雲の間）
千里江陵一日還（千里の江陵　一日にして還る）
両岸猿声啼不住（両岸の猿声　啼いてやまざるに）
軽舟已過万重山（軽舟すでに過ぐ万重の山）

黄河も揚子江も、莫大な量の土砂を浅い渤海《ぼっかい》や東シナ海に運び込むため、海中には大きな砂州《さす》や島ができています。土砂は琉球列島の西にある水深2000mを超える「沖縄トラフ」と呼ばれる海底の窪《くぼ》みにまで供給され、大変な厚みで堆積しています。とくに黄河はその名の通り黄色がかった濁流で、中に含まれる泥の量は世界最多です。アンダーソンがその著書で、黄河流域を「黄土地帯」と名づけたのもうなずけます。

ところで、この二つの大河の流路を見比べると、不思議なことに気づきます。どちらの源流も中国のはるか西、チベット高原の青海《チンハイ》省にあり、非常に近いのですが、それぞれが描く軌跡はあまりにもかけ離れているのです（図1－1）。

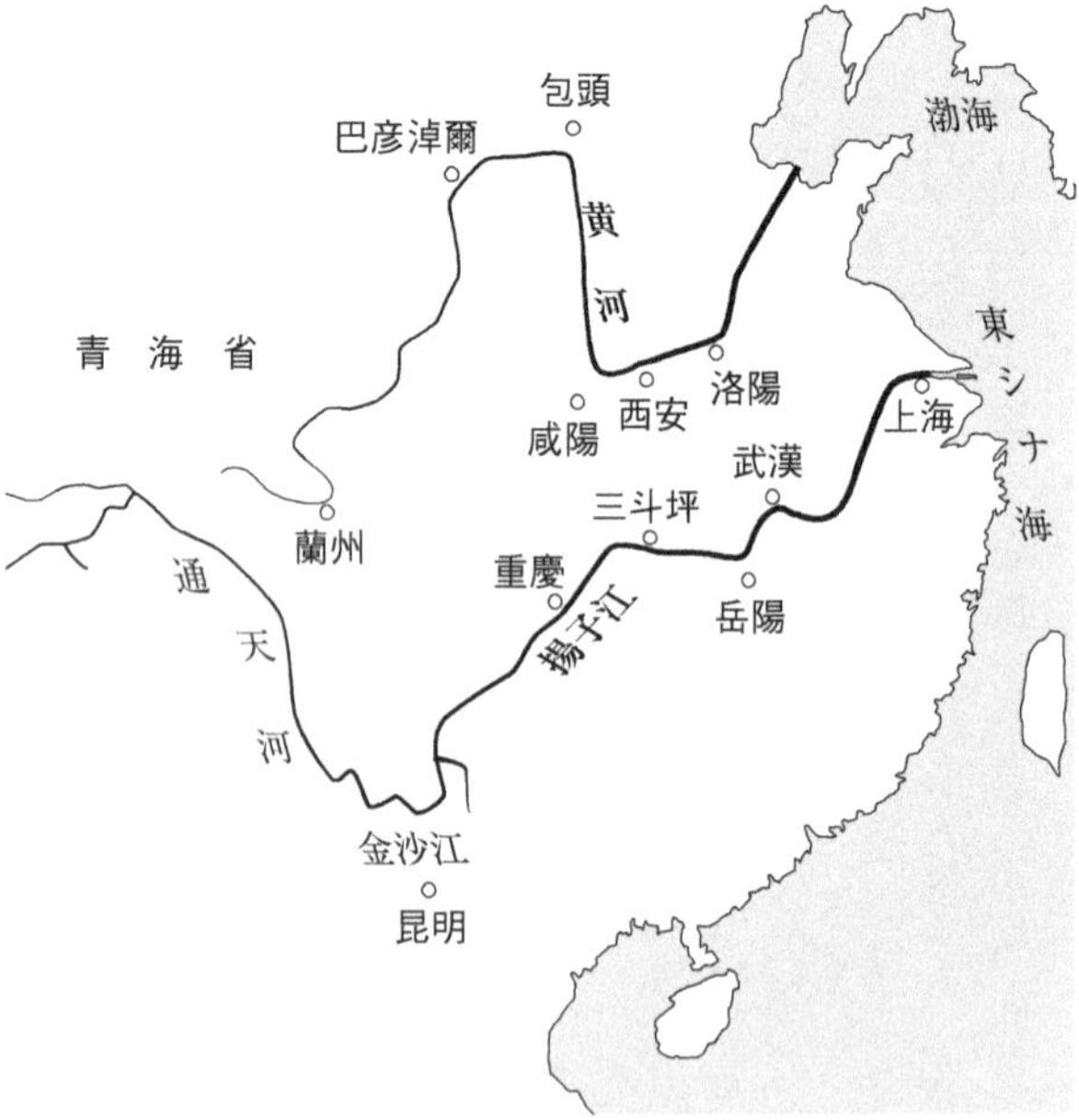

図1－1　なぜここまで大回りしなくてはならないのか？

まず黄河は、青海省を発して東へ流れたあと、蘭州で突然、北へ進路を変えます。そして約６００km（東京から岡山くらいの距離）もぐんぐん北上すると、次には、巴彦淖爾《バヤンノール》で東へ90度、方向転換します。３５０kmほど東進すると、包頭《パオトウ》の南で急転直下、南下をはじめます。そのまま６５０kmくらい進んだと思うと今度は、西安《シーアン》の東から、東へと流路を変更します。まるで「星の王子さま」に出てくる、ゾウを飲みこんだヘビの形のようです。そして洛陽の東からは北東へ流れ、渤海へと注いでいるのです。

かたや揚子江は、黄河と同様に青海省を出たあと、黄河とは反対にひたすら南東へ流れていきます。ここでは「通天河《つうてんが》」という名で呼ばれています。しかし、昆明の北で「金沙江《きんさこう》」と呼ばれるようになるあたりから大きく北へと、ヘアピンカーブをつくり、北東へと流路を変えます。重慶《チョンチン》あたりからは東へと、円弧を描きながら進み、世界最大の三峡ダムがある三斗《サント》坪《ヘイ》を通過して岳陽《がくよう》から武漢《ウーハン》でまた北上し、上海で東シナ海へと注ぐのです。

整理すると、二つの大河の流路は、およそこのように方向を変えていることになります。

黄　河：源流↓東↓北↓東↓南↓東↓北東↓渤海
揚子江：源流↓南東↓北↓北東↓東↓北↓東シナ海

これは日本の石狩川の蛇行など比べものにならない大迂回です。大まかに見れば、黄河は北回り、揚子江は南回りともいえますが、近くに源流をもつにもかかわらず、なぜ二つの大河はこれほど異なる方向へ流れるのでしょうか。これは大きな謎といえます。

大迂回の謎解き

では、謎解きを始めましょう。この大迂回は、大陸としての中国がある特徴的な地質構造をもっていることに起因しています。

じつは中国は、一枚岩からなる大陸ではなく、小さな大陸がいくつも集まってできた「大陸の

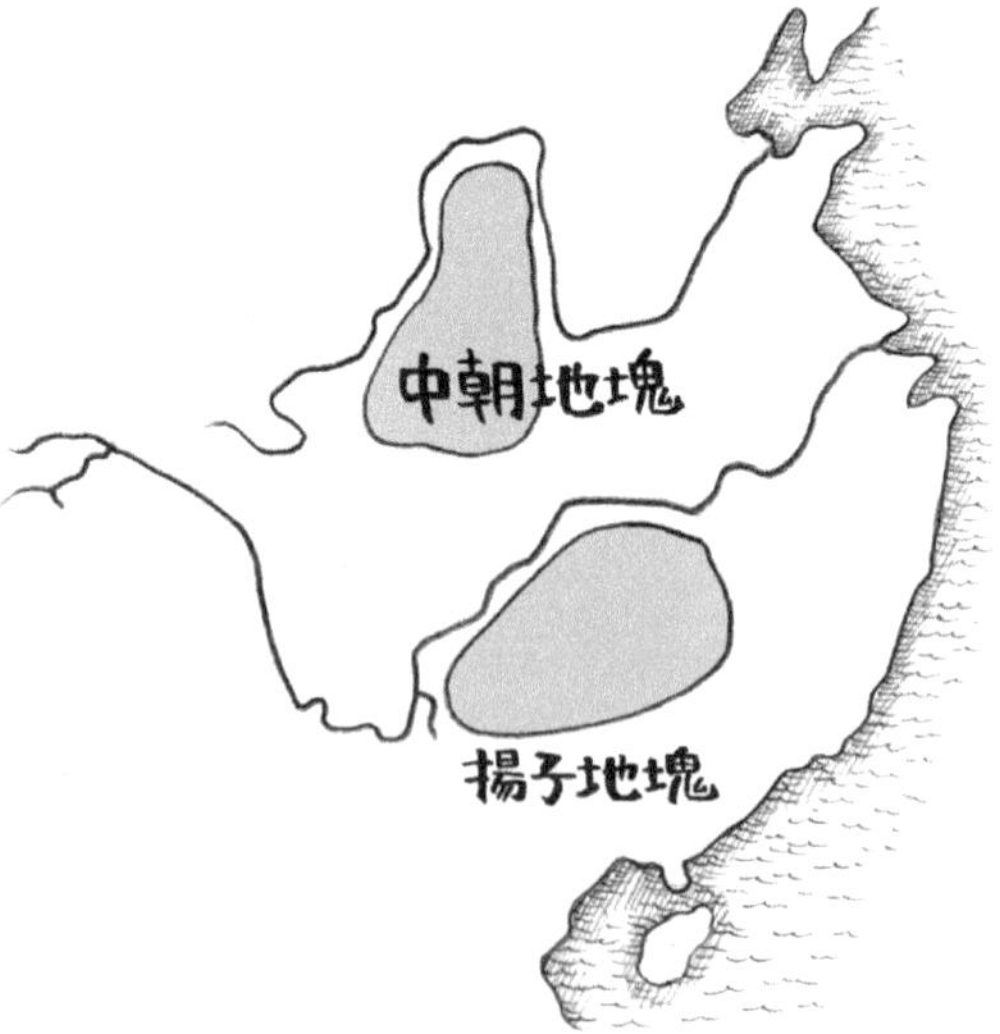

図1－2　大迂回の秘密は「地塊」にあった

集合体」なのです。何枚ものプレートの集合体である北米大陸のことを“United Plates of America”と、アメリカ合衆国の国名をもじって呼んだ研究者がいますが、中国を含む東アジアもまた、“United Plates of East Asia”なのです。これらの小さな大陸を「地《ち》塊《かい》」（Terrane）と呼んでいます。地塊とは時代も性質も違ういくつかの陸がくっついて一つの塊のようになったもののことで、中国の場合は「中《ちゅう》朝《ちょう》地塊」と「揚子《ようす》地塊」という、いずれも32億年前から35億年前に形成された二つの地塊が、中生代（2億5000万年前から6500万年前）のころに衝突合体して中国大陸ができたことがわかっているのです。

これらの地塊の規模は日本列島よりも大きく、オーストラリアやインドに匹敵します。インドは「亜大陸」ともいわれていますが、地塊も「小大陸」とでも呼ぶべき大きさです。

さて、中国を形成する地塊の分布をみると、地塊どうしが接する境界のところで、黄河や揚子江が大きく方向転換していることがわかります。二つの大河はまさに、地塊の境界線に沿って流れているのです（図1－2）。だから、源流が近くとも両者は袂《たもと》を分かつことになり、それぞれ境界線に規制されて流路を大きく変えているのです。

このように、川は地塊やプレートなどの境界を流れていることがあります。一見すると奇妙な流路をとっている場合は、とくにその可能性が大です。ただし、揚子江の流路には、このほかにインド亜大陸とユーラシア大陸の衝突という地球的規模の大変動も影響していますので、あとで説明します。

謎の2 ヒマラヤを乗り越える川

ヒマラヤ山脈にはなんと、高山をさかのぼり、乗り越えて流れている川がある。なぜそのようなことが可能なのだろうか?

標高4000mを越えていく驚異の川

ヒマラヤ山脈は東西に約3000㎞にもわたる大山脈です。幅は200㎞ほどもあり、その中に8000m以上の高峰を14座も抱く、まさに「世界の屋根」です。

ところが、なんとこの高い山脈を乗り越えて流れている川があるのです。そんな馬鹿な、と思われるかもしれませんが、事実なのです。水は低きに流れるものなのに、なぜこんなことができるのでしょうか?

?
ヒマラヤ山脈

ゴサイタン
ヒマラヤ山脈
エベレスト
カンチェンチュンガ
スンコシ
ボーテコシ
デゥヴコシ
アルン川
スンコシ

ヒマラヤを乗り越える川があることは、中国では唐の時代、玄奘《げんじょう》がインドをめざして旅をしていた頃からわかっていたようです。しかし西遊記に出てくる玄奘（三蔵法師）は、ヒマラヤ山脈は越えず、天山南路を通って西に迂回している川を伝って回り道をしています。

北からヒマラヤ山脈に達し、乗り越えて南へと流れる川が、少なくとも4本はあります。西からスンコシ（Sun Kosi）川、ボーテコシ（Bhote Kosi）川、デゥブコシ（Dubh Kosi）川、アルン（Arun）川です。いずれも標高およそ6000mの山を越えています。実際に流れているのは4000mくらいのところですが、それでも富士山より高いところを乗り越えていることになるのです。これらの川は、山を越えた南で合流してさらに南へ流れ、インドの大河、ガンジス川に合流しています。

しかし、これら四つの川はいずれも規模としては平凡な、いわば名もなき川です。それに対して、ヒマラヤ山脈の東西両側には、山を越えずに迂回している川があります。東のブラマプトラ川と西のインダス川です。ブラマプトラ川は長さ2840㎞、流域面積53万7599㎢、インダス川は全長3180㎞、流域面積116万6000㎢、いずれも堂々たる川ですが、これらは山を越えることができなかったわけです。

なぜ四つの川にはヒマラヤ越えが可能だったのでしょうか。

高さのバランスをとる「下刻作用」

この驚異の現象の謎は、次のように解き明かすことができます。

ヒマラヤ山脈を乗り越える四つの川は、山脈ができるよりも前から存在していました。ヒマラヤ山脈はいまからおよそ4300万年前、インド亜大陸がユーラシア大陸に衝突してできたのですが、それまでは、それらの川は北のチベットから南のインド洋まで、ほぼ平坦な地形を南北に流れていたわけです。

インド亜大陸はいまから2億5000万年ほど前には、南極やオーストラリア、アフリカなどの大陸とくっついていて、超大陸パンゲアあるいはゴンドワナ大陸の一部を構成していました。ところがインド・オーストラリアプレートの運動にともなって南極大陸から分離して、北上を開始し、やがてユーラシア大陸に衝突するのです。衝突以前、ユーラシア大陸とインド亜大陸の間には、浅海の堆積物がたまっていました。これが衝突によって徐々に押し上げられ、山脈になっていったのが、ヒマラヤ山脈です。現在、ヒマラヤ山脈のエベレスト山頂のすぐ下には黄色の縞《しま》模様を示す「イエローバンド」と呼ばれる地層が見られますが、これは衝突の前の海に生息していた微生物の死骸がたまったもので、ヒマラヤ山脈の構成物がかつては海の底にあったことの証拠となっています。同様に、標高6000mの山中にも、アンモナイトの死骸がたくさん詰まった

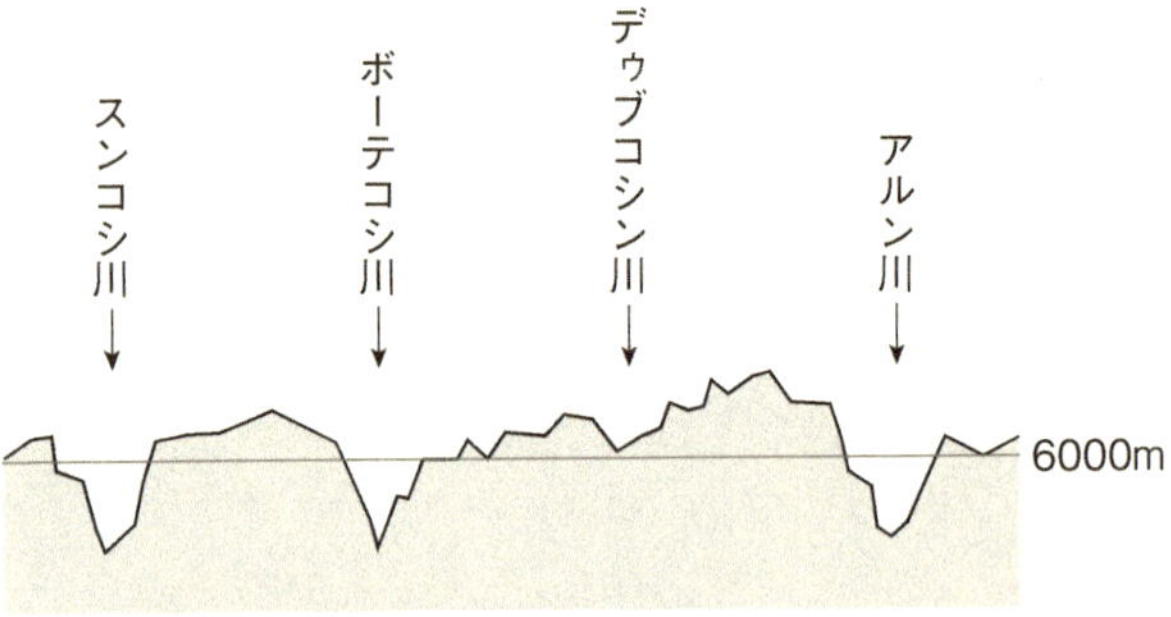

図１－３　ヒマラヤを越える４つの川の断面図
下刻作用によって河床が深く削られている

垂直な崖が見られます。

さて、大陸の衝突によってヒマラヤ山脈の隆起が始まると、そこを流れる川は、傾斜が急になるために河床をどんどん削っていくようになります。これを「下《か》刻《こく》作用」といいます。隆起が高くなり、傾斜がきつくなるほど、下刻作用は激しくなり、河床は深く削られていきます（図１－３）。そのため、山がどれだけ高くなっても、そのぶん河床が削られるために両者の高さはつねにバランスがとれていて、結果としては、平坦な地面を流れるのと同じことになるのです。

ヒマラヤ山脈は現在も隆起を続けています。しかし、川はその隆起に調和的に、下刻を続けています。だからこれら四つの川は、いまも何事もなかったかのように南流しています。それが、まるで川がヒマラヤ山脈を乗り越えて流れているように見えるのです。ただし、隆起の速度が下刻の速度を上回っている場合は、川は乗り越えることができません。

　このような、山の成立に先行して存在していた川のことを「先行河川」といいます。ヒマラヤ山脈における先行河川の存在は、1937年に有名な地質学者であり探検家でもあるウェイジャーによって初めて指摘されました。ウェイジャーはヒマラヤを訪れたときに、アルン川をみずから歩いた観察から、この結論を得ています。

　いったんヒマラヤ山脈ができあがってしまうと、そのあとにできた川はどんな大河であれ、もはや越えることはできないのです。

謎の3 「桃源郷」に密集する三つの大河

中国雲南省のシャングリラという地域では、アジアの三大河川といわれる揚子江、メコン川、タンルウィン川がきわめて狭い空間に密集している。なぜこのような奇妙なことが起きるのだろう?

なぜ狭い空間にひしめいているのか

イギリスの作家ジェームス・ヒルトンの『失われた地平線』は映画や演劇にもなった有名な小説です。墜落した飛行機に乗っていた4人の登場人物が、チベットのシャングリラという土地にあるラマ教の寺院にたどりつくと、そこではあらゆる物資と近代的な設備が整い、多くの人が平和に暮らし、長生きをしていたという設定であることから、「シャングリラ」という地名はユー

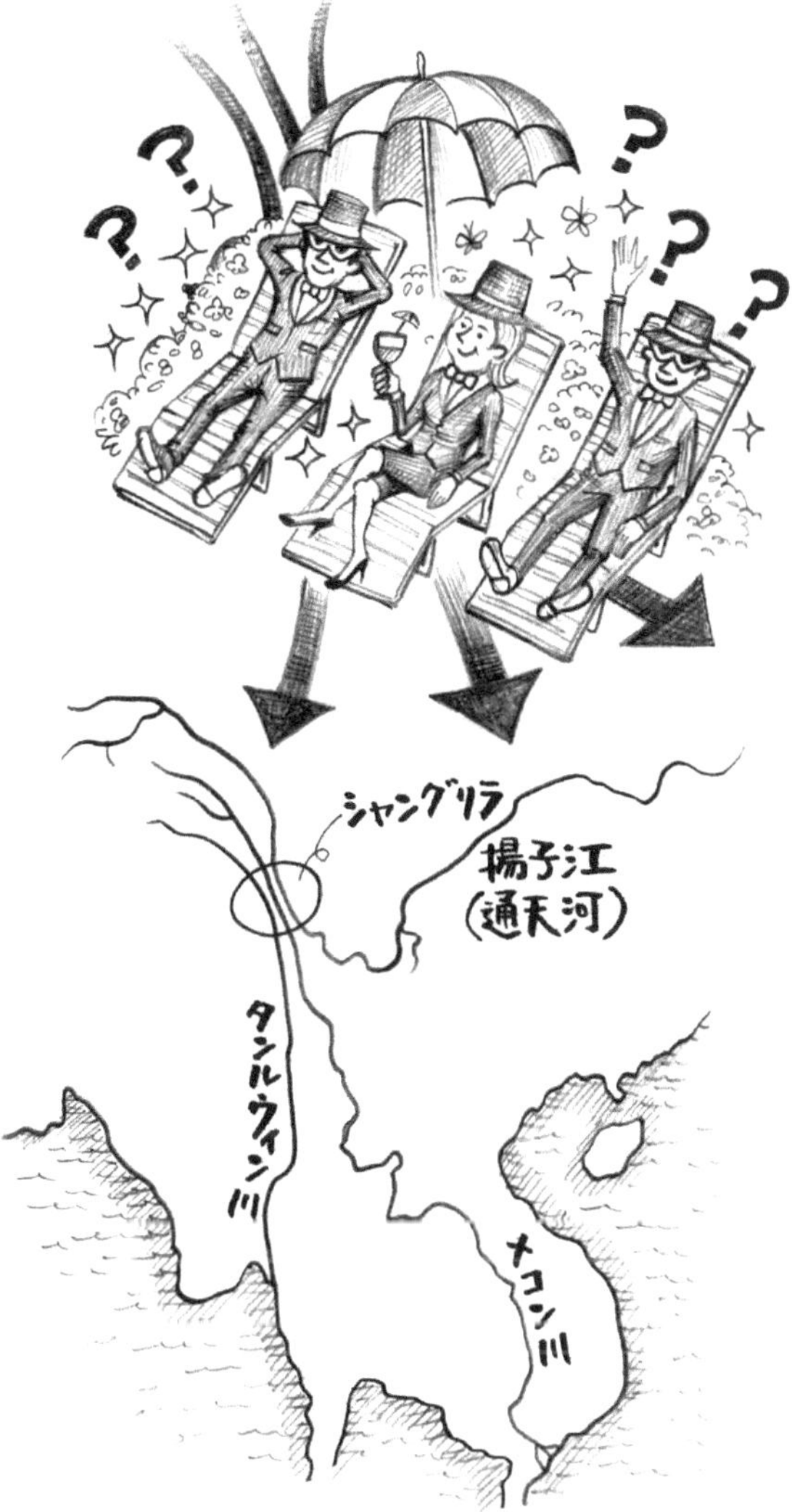
シャングリラ
揚子江
(通天河)
タンルウィン川
メコン川

トピア、中国流にいえば「桃源郷」の代名詞となりました。その語源はチベット語の「シャンバラ」にあるようです。

雲南省には実際に、シャングリラという地名をもつ場所があります。漢字では「香格里拉」と書きます。2001年以前には中甸《ちゅうでん》と呼ばれていたのを、小説にあやかって、観光用に名称変更したようです。この土地が実際に、訪ねる人にとってその名にふさわしいところであるかどうかはここではおいておきますが、川にとっては惹《ひ》きつけられる何かがこのシャングリラにはあるのかもしれません。

アジアの三大河川といえば、**謎の1**にも登場した揚子江と、インドシナ半島で最大の河川であるメコン川、そしてチベットを源流としてミャンマーのマルタバン湾に注ぐタンルウィン川です。揚子江のサイズはさきほど紹介しました。メコン川についてはのちほどくわしく紹介しますが、その長さは4425㎞（世界第11位）、流域面積は81万㎢です。タンルウィン川は長さ2400㎞（世界第22位）、流域面積11万8000㎢で、ダムがつくられていない川ではアジア最長です。

これら三つの大河は、その上流にあたる中国の雲南省からミャンマーにかけての地域では、横断（ホントワン）山脈という山脈に沿って、ほぼ南北に並走しています。そのためこの地域は「三江併流地域」と呼ばれています。

しかし山間地の幅は80㎞ほどで、東京都の東西の長さほどしかありません。そのような狭い隙間に、アジア最大規模の三つの大河がひしめいているのです。日本でいえば、濃尾平野の河口近くに揖斐《いび》川、長良《ながら》川、木曾川の三川が、わずか3㎞の幅を並走している状況に似ているでしょう。そして、三つの大河が最も近接しているのが、ちょうどシャングリラのあたりなのです。いわば世界で最も大河が混み合っている場所といえます。なかでも揚子江（この地域では通天河と呼ばれる）は川幅が極端に狭くなっていて、「虎跳峡《こちょうきょう》」というところではわずか30ｍしかありません。虎が飛び越えることができる川幅ということでその名がつけられたといいます。なお、虎跳峡の付近では、両岸の山から河床までの落差が3000ｍ近くもあり、さながらアジアのグランドキャニオンともいうべき景観を呈しています。これはさきほど述べた川の下刻作用が強烈に進んでいるためです。

なぜ三つの大河はこのように窮屈な状態を強いられてまで、まるで桃源郷をめざしているかのようにシャングリラに密集しているのでしょうか。これは大きな謎といえます。

ヒマラヤにねじ曲げられた大河

この謎にも、**謎の2**と同様に、インドのユーラシア大陸への衝突が関係しているようです。
アジア大陸に存在した川は、インドが衝突する以前は南北方向を北から南に流れていました。

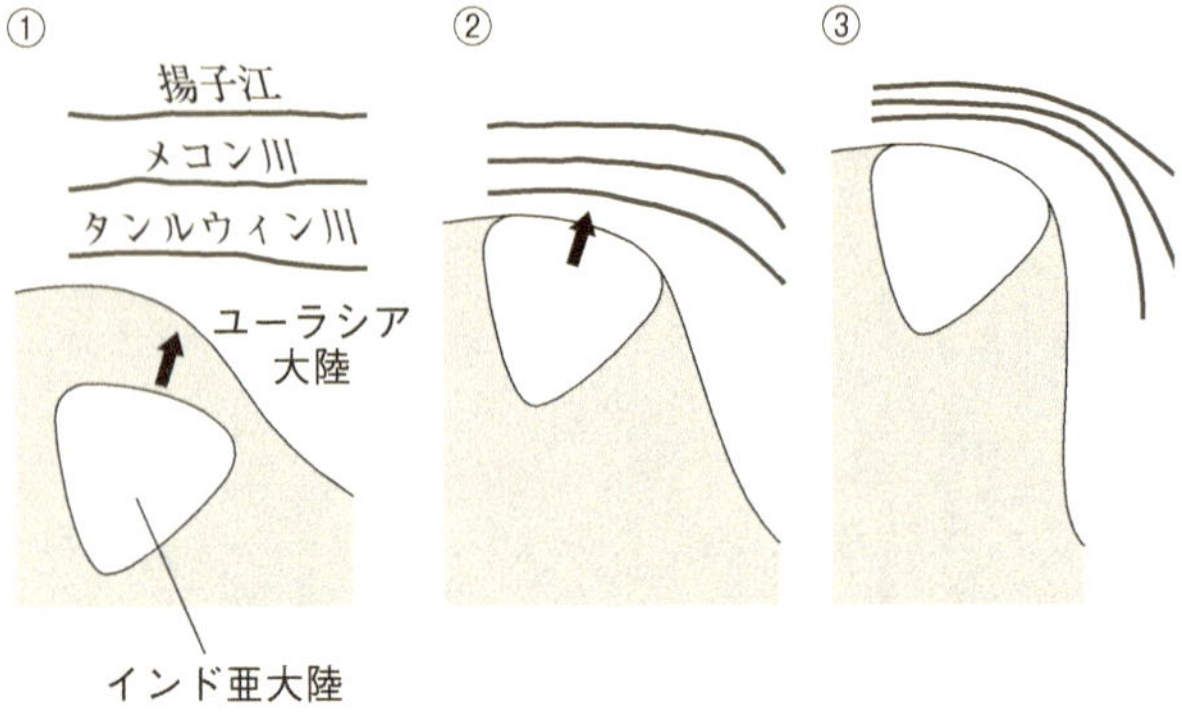

図1－4　インド亜大陸の衝突によって川が押し込められた

つまり、アジアの大地は全体としては、南が低い、あるいは南へ傾いた地形をしていたのです。衝突が始まると、大地は徐々に隆起を始めます。これに対して、下刻作用の速度が隆起の速度と拮抗《きっこう》していれば、川は山脈を越えて南へ流れていくことができます。これがヒマラヤを越えた四つの川です。しかし、隆起の速度が下刻の速度を上回ると、川は山脈を越えることができず、迂回します。

　このとき、衝突される側にあった地塊は、東西両側へと押しやられるような運動をします。これはエスケープテクトニクスという難しい名前で呼ばれていますが、要するにぶつかってばらばらになった地塊が東と西に波を押し分けるように移動し、その結果、インド平原からヒマラヤ山脈の頂上にいたるまで、東西方向にいくつもの断層が走ります。さらに、これらの断層はインドの衝突によって北へ北へと押しつけられます。ヒマラヤ山脈を越えられずに東西から南に迂回してきた川は、この断層に引きずられて、流路の変更を余儀なくされたのです。

揚子江、メコン川、タンルウィン川も、ヒマラヤ山脈を越えられずに迂回し、インドに押し上げられるように狭い領域に押し込められ（図1－4）、結果としてシャングリラ付近に密集することになったものと考えられます。

離れていった理由

しかし、じつは謎はこれだけではありません。27ページのイラストを見ていただくとわかるように、シャングリラではほとんど接するばかりだった揚子江とメコン川は、やがて前者は北東の上海へ、後者はベトナム南部から南シナ海へと、まったく行き先を変えてしまいます。海に注ぐ終着点だけを見れば、上流では仲よく隣どうしを流れていたことなど信じられません。なぜ二つの川はこれほどまでに分かれてしまうのでしょうか。これも大きな謎です。

その答えとしては、現在、揚子江とメコン川の間を走っている横断山脈がもともとあったものではなく、ある時期から二つの川の間に隆起してきたのではないか、二つの川はともにこの山脈を越えることはできず、次第に両者は離れていったのではないか、ということが考えられます。

この山脈の隆起にも、地塊が押しやられるエスケープテクトニクスが作用しているのかもしれま

図1－5　メコン川のあまりにも巨大な蛇行

せん。

　しかし、川についてのこのような仮説を証明するには、膨大な地点での検証が必要となりますので、現実には至難の業というしかありません。

　私は２０１２年の夏に、野外歴史地理学研究会（ＮＦＨＧ）の巡検でアジア各国を訪ねました。ベトナムの首都ハノイから、ラオスの古都ルアンパバーンまで飛行機で約１時間、到着する直前に、眼下にメコン川のすばらしい大蛇行が現れました。それは上空からですら、全体像がつかめないほどの巨大さでした（図１－５）。ルアンパバーンでは、轟々《ごうごう》と流れるメコン川とその支流を、川岸に立って眺めました。川は秒速２００㎝（４ノット）ほどの速さで、木々や丸太を流していました。これは日本の南を流れる黒潮の本流と同じくらいの速度です。ラオスの首都ビエンチャンでも、宿泊しているランサンホテルのすぐ前を、メコン川は悠々と流れていました。対岸はタイです。ゆったりとした流れだけを見れば泳いで渡れそうにも思えましたが、大木やゴミなどを大量に呑み込んだ茶色の濁流には、見る者を寄せつけない不気味さがありました。

これほどの大河でも、インドのユーラシアへの衝突などのテクトニック（構造運動的）な要因によって、長い時間がたてば大きく流路が変わってしまうのです。

謎の4 川はなぜずれたのか

静岡県の田代盆地から丹那《たんな》盆地にかけて流れる柿沢川は、かつては西へほぼ直線的に流れていたが、いつしか途中で、南へ約1㎞もずれてしまった。なぜこのようなずれが起きたのだろう?

南へ1㎞もずれた柿沢川の不思議

今度は、日本の川についての謎です。

伊豆半島の付け根あたりに位置する丹那盆地は、その下を通るトンネルの建設が惨憺《さんたん》たる難工事だったことで有名です。1934年、東海道本線の熱海駅と函南《かんなみ》駅を結んで開通した丹那トンネルは、完成までに16年の歳月が費やされ、67名もの犠牲者を出しました。工事期間中に起きた

北伊豆地震や、度重なる崩落事故がその原因でした。その苦闘の歴史は、吉村昭の小説『闇を裂く道』にも描かれています。

この丹那盆地と、その北の田代盆地とを結ぶ線を流れているのが柿沢川です。その両岸には、ふつうの桜よりも少し早く、2月頃に満開を迎える河津桜が360本も植えられていて、「かんなみ桜」と呼ばれて親しまれています。

さて、柿沢川は現在、源流となる熱海峠から西へ流れて、丹那盆地の北の軽井沢で南へ方向を変え、約1㎞進んで丹那盆地に入り、そこで再び西へ方向転換して、狩野《かの》川と合流して駿河《するが》湾に注いでいます。ほぼ直角に二度、曲がっているわけです。

ところが、かつての柿沢川の流路はこうではありませんでした。図1-6に点線で示したように、熱海峠からほぼまっすぐに西へ、直線的に流れていたのです。これと比べてみると、現在の流路は南へ約1㎞「ずれた」と見ることができます。

なぜ柿沢川は、このように大きくずれてしまったのでしょうか。

8000年で1㎞のずれ

では、謎解きをしていきましょう。柿沢川のずれの原因は、断層運動にあります。断層と、それにともなって起きた地震によって川がずれた典型的な例なのです。

図1－6　南に約1kmもずれた柿沢川の流路
かつては点線のように西へまっすぐに流れていたと考えられる

柿沢川が流れている田代盆地や丹那盆地のあたりには、丹那断層という断層があります。柿沢川はこの断層に沿って、もともとは直線的に流れていたのです。ところが、丹那断層では過去約8000年の間に9回の大きな地震が起きました。さらに数多くの小さな地震が起きて、そのたびに断層のずれが累積し、現在では約1㎞ものずれになっていることがわかっています。1930年、丹那トンネルの建設中に起きた北伊豆地震では、あと少しで三島側と熱海側とがつながるところまで来ていた隧道《すいどう》が、無残にも南北に2mほどもずれ、隧道の上にある丹那盆地を満たしていた大量の水が工事中のトンネル内に流れ込んで、3名の作業員が死亡しました。このとき断層の両側は、岩盤どうしの摩擦によって表面がまるで鏡のようにつるつるになってしまったといいます。

柿沢川が約1㎞も南にずれたのも、この丹那断層が同じだけずれたせいなのです。川は地面の上を流れていますので、地面がずれれば当然、川もずれてその流路が変わるのです。

丹那盆地は現在、伊豆半島ジオパークの一部になっていて、断層の断面やずれが見られる公園として保存されています。また、田代盆地にある火雷神社も、北伊豆地震で鳥居と石段がずれてしまい、現在も当時の状態のままで保存されています。

小説『闇を裂く道』では、トンネルを掘る前に丹那盆地の地質調査を東京帝国大学（当時）の横山又次郎らに依頼したところ、地盤は火山岩のしっかりしたもので断層などはなく、工事にはなんら問題がないと判定されたことが書かれています。にもかかわらず、北伊豆地震のほかにも二度の崩落事故が起きたのです。のちに丹那断層の存在と、過去に何度も地震が起きていることを明らかにしたのは、東京大学の岩石学者であった久野久《くのひさし》でした。

なお、丹那トンネルの上の田代盆地や丹那盆地には、かつて大量に湛《たた》えていた水を利用した水田が一面に広がっていましたが、トンネル工事が進むにつれて水がどんどんなくなっていきました。丹那盆地とトンネルの間に走っている断層を通して、水がトンネルの中へと浸み出してしまったのです。いまや盆地では水田耕作ができなくなり、牧畜がおこなわれてバターやチーズなど

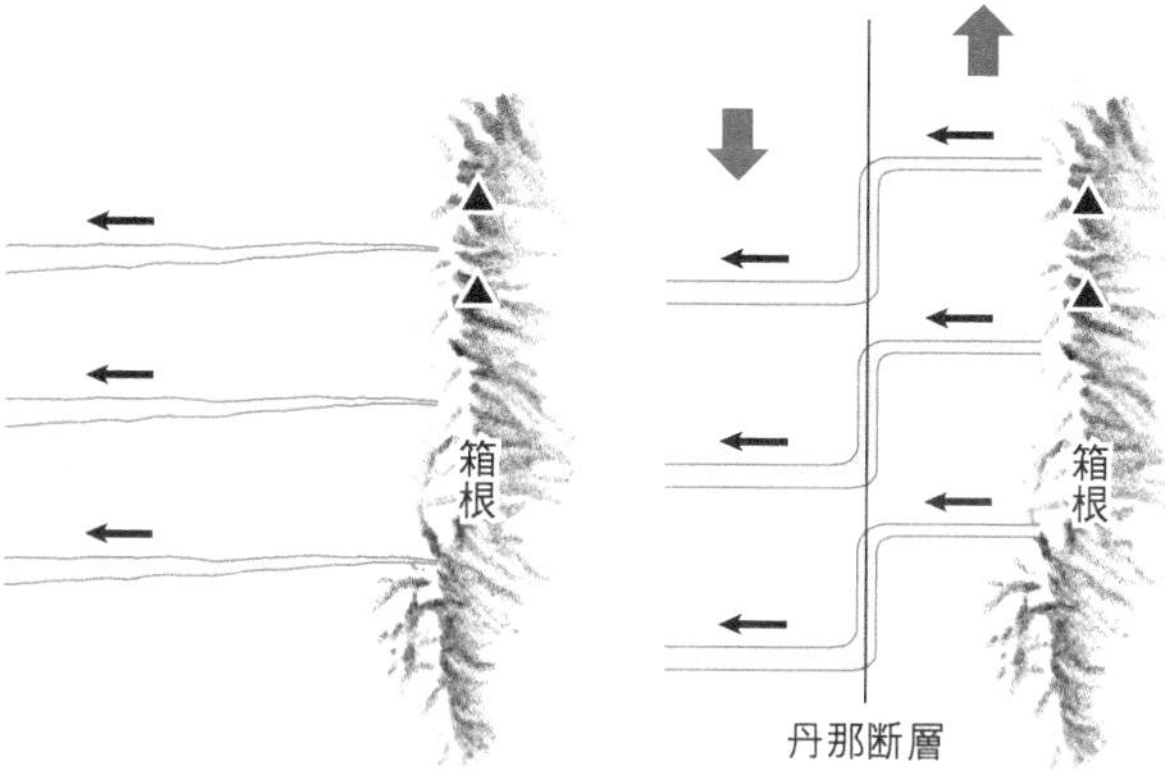

図1－7　柿沢川をずらした丹那断層
この図を90度右に回転させて見ると、断層の向こう側の層が左にずれているので「左ずれ」の断層。図1－6中央のグレーの点線が丹那断層

が販売されています。

ヒマラヤのミニチュア版

丹那盆地に何度も地震を起こし、柿沢川の流路をずらした「犯人」である丹那断層は、断層の分類でいえば「横ずれ断層」です（図1－7）。これは水平方向に力が加わって、断層の両側の地面が互いに逆方向にずれている断層です。断層の手前から見て、向こう側が相対的に左へずれているものを「左ずれ」、右にずれているものを「右ずれ」といいます。丹那断層は、北は箱根から、南は大仁《おおひと》あたりまで、伊豆半島を南北に走っていますが、これを東側を手前にして横に寝かせて見ると、東側（断層の手前側）の地面が北（右）へ、西側（断層の向こう側）の地面が南（左）へとずれた「左ずれ」

の断層です。

では、このような大きな断層は、いつ、どのようにしてできたのでしょうか。じつはそこには、**謎の2**と**謎の3**で述べたインド亜大陸とユーラシア大陸の衝突にも似た、大地変動のドラマがあったのです。

現在では本州から南へ伸びた半島となっている伊豆半島は、いまからおよそ100万年前には、本州とは離れて、一つの島を形成していたようです。これを仮に「古伊豆島」と呼ぶことにします。古伊豆島は伊豆・小笠原弧という島弧を形成する島の一つでした。島弧とは、海洋上に並ぶ島の列です。伊豆・小笠原弧は、かつては現在よりずっと南にあったのですが、数千万年をかけて、現在の位置にまで移動してきました。これによって古伊豆島も移動し、インド亜大陸がユーラシア大陸に衝突するように、本州に衝突したのです。

このときに隆起したのが丹沢山地です。つまり丹沢山地は、ヒマラヤ山脈のミニチュア版なのです。そしてこの衝突によって、丹那断層などの断層が伊豆にできたのです。

ただしそれ以前にも、古伊豆島よりも小さな島が、1700万年ほど前から次々と本州に衝突していました。これによって伊豆周辺の山地が形成されたのです。櫛形山《くしがたやま》、昇仙峡、金峰山《きんぷさん》、甲《こ》武信ケ岳《ぶしがたけ》などで、多くが花崗岩《かこうがん》でできた風光明媚《めいび》な山です。

日本の断層と中央構造線

このような断層による川のずれは、中部地方にも多く見られます。

岐阜県にある根尾谷《ねおだに》断層は、日本三大桜の一つ、樹齢1500年以上ともいわれる「淡墨桜《うすずみざくら》」があることでも知られている場所です。1891年の濃尾地震のときに地面が左ずれに動いてできた断層で、このときの記録を東京帝国大学（当時）の小藤《こ》文《とう》次郎が論文にし、写真が外国の教科書などにも引用されたことで有名になりました。1992年には、断層のずれを直接観察できる世界初の施設として、根尾谷地震断層観察館が設置されました。この断層によって、根尾川の上流や長良川、木曾川の流路が曲げられています。

同じく岐阜県にある阿寺《あてら》断層はやはり左ずれの断層で、温泉のある下呂から、中山道《なかせんどう》の宿場町として有名な馬籠《まごめ》までを、ほぼ直線に走っています。馬籠のすぐ近くの坂下という場所では、断層でできた崖（断層崖）がはっきりと見えます。この断層によって、木曾川とその支流の飛騨川などの五つの河川がみな、S字状に曲がっています。また、木曾路も馬籠を通る古い木曾路と、坂下を通る新しい木曾路とに分かれています。道路も断層によって切られてしまったのです。

富山県から岐阜県につながる跡津川《あとつがわ》断層は、右ずれの断層です。この断層は1858年（安政5年）に大きな地震を起こし、立山連峰の鳶山《とんびやま》という山が山体崩壊して消滅しました。これは

「鳶山崩れ」と呼ばれ、日本三大崩れの一つとされています。跡津川断層によって、神通《じんづう》川系の急流、高原川や宮川は明確に流路が屈曲しています。

高知県、徳島県、愛媛県を流れる全長194㎞の吉野川は「四国三郎」の異名をもち、関東の利根川（坂東《ばんどう》太郎）、九州の筑後川（筑紫《つくし》次郎）とともに、洪水や水害が多い「日本三大暴れ川」として並び称されています。高知県の瓶《かめが》ヶ森《もり》（標高1896ｍ）を源流とし、四国山地の南側を東へ流れ、その後、北上して四国山地を横断します。ところが、三好市の阿波池田で突然、ほとんど直角に曲がって、東に向きを変えているのです。これは阿波池田の北側に、日本最大の断層、中央構造線が東西に走っているためです（図1－8）。

中央構造線は九州から四国、紀伊半島、静岡県を経て、長野県の諏訪《すわ》湖の近くにまでつながっている、全長1000㎞を超える大断層です。この断層に接する川はすべて、断層に沿って東西方向に流れています。吉野川もその例外ではないのです。

同じような川に、紀伊半島を東西に流れる紀ノ川があります。奈良県と三重県の県境にまたがり日本有数の多雨地帯として知られる大台ヶ原山を源流とし、紀伊山地を北西へと流れる川ですが、中央構造線の南側にぶつかると進路を変え、ほぼ直線的に西流して和歌山市で紀伊水道に注いでいます。しかし吉野川も紀ノ川も、何も好きこのんで東西をまっすぐに流れているわけではありません。中央構造線という断層によって、そう流れることを余儀なくされたのです。

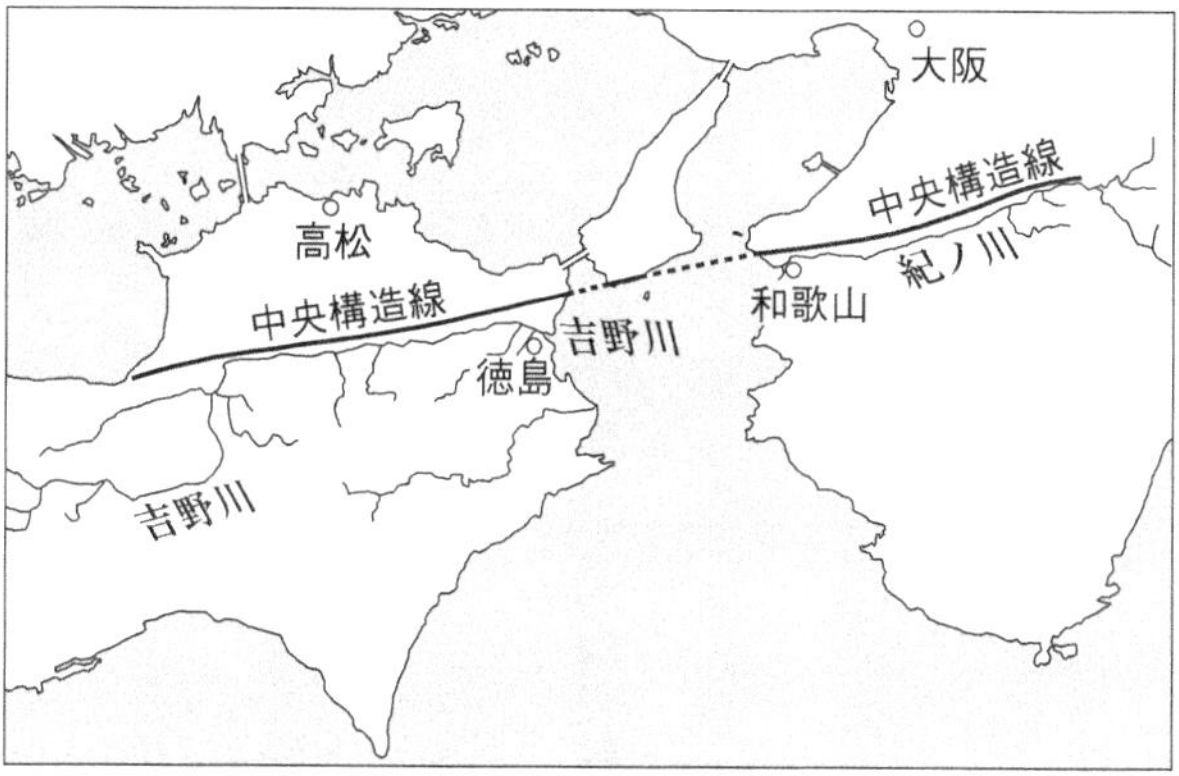

図1－8　中央構造線に支配される川
吉野川も紀ノ川も中央構造線にぶつかると、まっすぐそれに沿って流れている

中央構造線は長いだけでなく形成年代も古く、いまから1億年ほど前の白亜紀にできたと考えられています。にもかかわらず、現在も活動している活断層とみられているのです。1億年の間には何度も断層運動を起こしたことがわかっていて、これによって100㎞もの長さにわたって、周辺の河川の流路をずらしたり、折ったりと大きな影響を与えてきました。断層が大きいため、断層運動が起こった場所は線ではなく、ある幅をもった破砕帯《はさいたい》を形成しています。破砕帯は地震のときに地面どうしがもみくちゃに動くので、周辺の岩石よりもきわめて脆《もろ》くなっています。そのため容易に削剥《さくはく》されるので、川の流路になりやすいのです。長野県大鹿村の南アルプスジオパークの中には北川露頭と安康《あんこう》露頭があり、断層の両側の地層がもみくちゃにされたものが保存されています。

そこでは断層に沿って川が流れています。

なお、余談としてつけくわえると、吉野川と紀ノ川は、現在は真ん中にある紀伊水道で離れていますが、かつて海面が低かったときは、両者は合流して一つの川として南海トラフ（四国南方の海底にある溝）に流れ込んでいたと考えられます。しかもその川には、琵琶湖を発し、大阪平野から南下してきた淀川も合流していたはずです。だから紀伊水道の底には、巨大な川の跡があったに違いないのです。南海トラフには、四国、紀伊半島、琵琶湖などを後背地とした土砂が一気に流れ込んでいたのです。

世界の巨大断層──大地の裂け目

では、世界の川でこうした断層の影響を受けたものを探してみましょう。とてつもない例があります。

アフリカの地図を広げてみると、アフリカ大陸の東に大規模な大地の裂け目があるのが目に入ります。大地の裂け目のことを「リフト」（Rift）ともいいますが、これはスキーなどのリフト（Lift）ではなく「引き裂く」といった意味で、言葉のとおり、大地が両側から引っ張られ、引き裂かれてできた裂け目です。これが有名な「東アフリカ地溝帯」で、いわば断層の「超巨大版」です。

東アフリカ地溝帯は南北に約4000㎞もつながっています。日本列島（最大でも稚内《わっかない》から沖縄までの2500㎞ほど）よりも長いのです。溝の幅は、大きいところでは250㎞もあります。溝の両側には垂直に近い壁が延々とそびえ、中央と周囲の落差は1500m以上もあります。このように大きな裂け目ができたのは、地球内部に存在する熱のためです。地下2900㎞もの深さから上がってくる「プルーム」と呼ばれる高温の巨大な煙のようなものが、いまからおよそ600万年前にアフリカの大地を引き裂いたと考えられています。

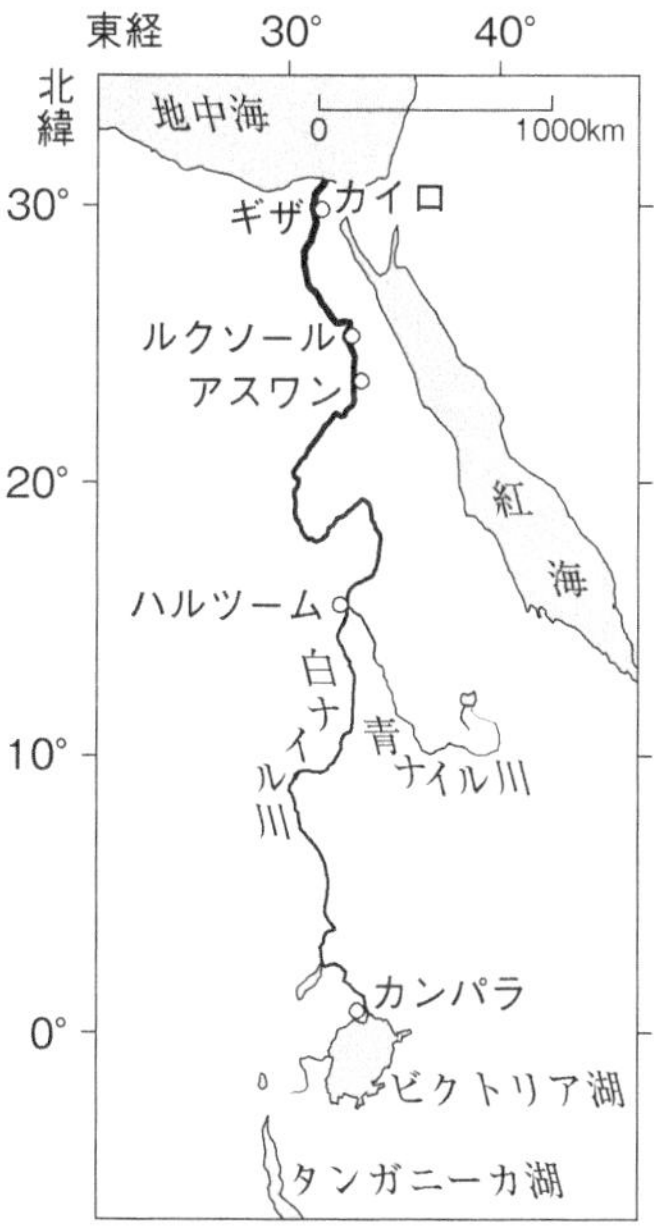

図1－9　南北に直線的に流れるナイル川

そして、地溝帯の北、アフリカ最大の湖であるビクトリア湖から流れ出ているのが、世界最長の川とされているナイル川です（図1－9）。地溝帯の周辺を流れる川はどれも、巨視的に見ればナイル川ですらこの大構造に支配されていて、ほぼ地溝

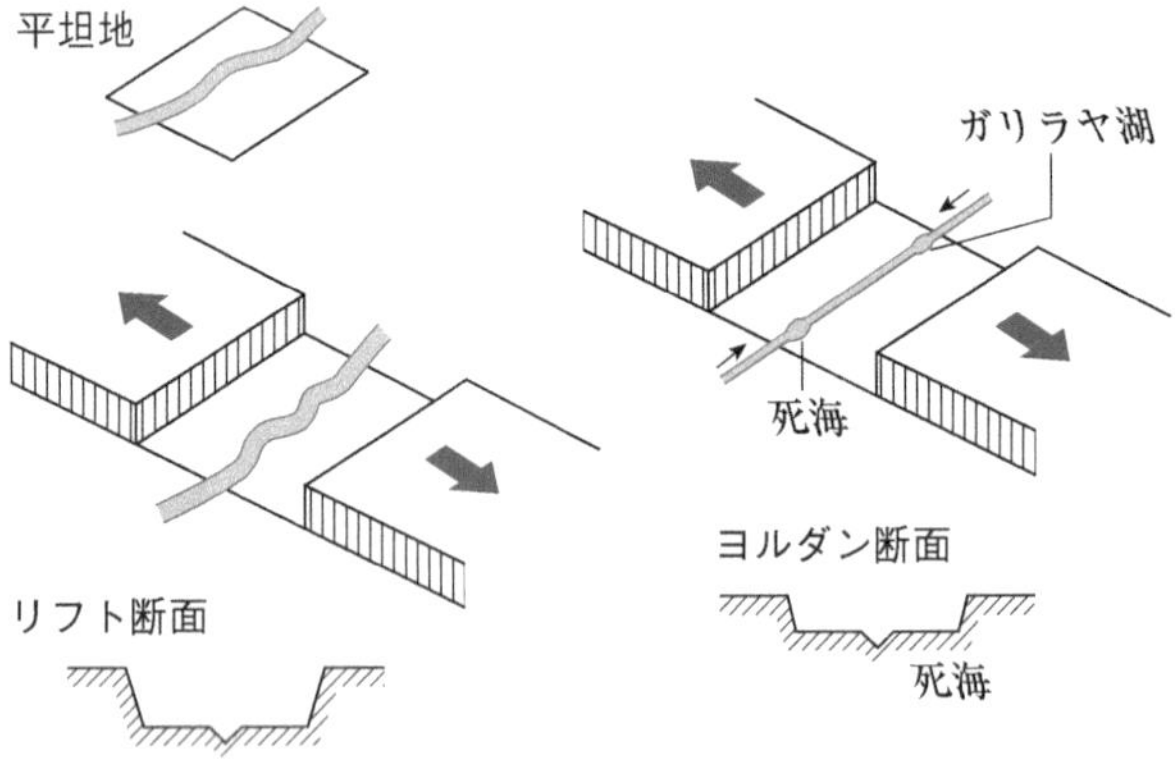

図1－10　東アフリカ地溝帯のリフト（左）とヨルダン川
ヨルダン川はリフトの延長。断層に支配されて死海に注ぐ

帯の延長線に沿って直線的に流れているのです。

もう一つの例は、紛争の多いパレスチナ地域を流れるヨルダン川です。この川はアンティレバノン山脈の水源からゴラン高原を下ってガリラヤ湖に入り、ヨルダンとイスラエルの国境を下って死海に流れ込みますが、この間がほぼ南北に直線の流路なのです。

これはヨルダン川が、南北に走る断層に沿って流れているためです。この断層は東アフリカ地溝帯をつくるリフト（裂け目）の延長と考えられます（図1－10）。東アフリカのリフトはジブチからアラビア半島の南のアデン湾を経て、紅海に入りこみます。紅海では海洋底が拡大して新しいプレートが形成され、アフリカとアラビア半島の大地は東西に移動しているわけですが、この海洋底の延長がヨルダンになるのです。

ヨルダン川が流れ込んでいる死海は、世界で最も塩分の高い湖として有名ですが、地表で最も低い場所でもあります。海面よりも低く、海抜はなんとマイナス４００〜４２６ｍです（雨季と乾季で差がある）。その水源となっているのはヨルダン川だけです。海面よりはるかに低い湖に、川が流れ込んでいるのです。ありえない話ですが、これもヨルダン川がリフトという断層に支配されて、このような流路をとっているためです。

これらのリフトの規模は、日本列島に住むわれわれが抱く断層のイメージをはるかに超えています。大量のマグマ活動に起因した大地の構造が、川を規制しているのです。このような原因でできる川は日本にはありません。しかし、地球最大のリフトは、海底にある中央海嶺《かいれい》です。これは言ってみれば、地球をぐるっと取り巻いて一周しているリフトです。

謎の5 川を奪う川——河川の争奪

滋賀県の石田川は、かつては百瀬川と近いところに上流があったのだが、現在では消滅してしまった。何が起きたのだろうか?

百瀬川に奪われた石田川

川と川が、喧嘩をすることがあります。まるで神々の争いのようですが、川どうしの喧嘩とはいったい、どのような現象なのでしょうか。ここでは滋賀県を流れる石田川と百瀬川の例を見ていきます。

現在の石田川は、図1-11のように、淡海湖《たんかいこ》というため池の上流から始まって北西方向に箱館《はこだて》山を迂回しながら大きく蛇行したあと、南へ、そして東へと流路を変えて琵琶湖に注いでいま

石田川
百瀬川
石田川
百瀬川

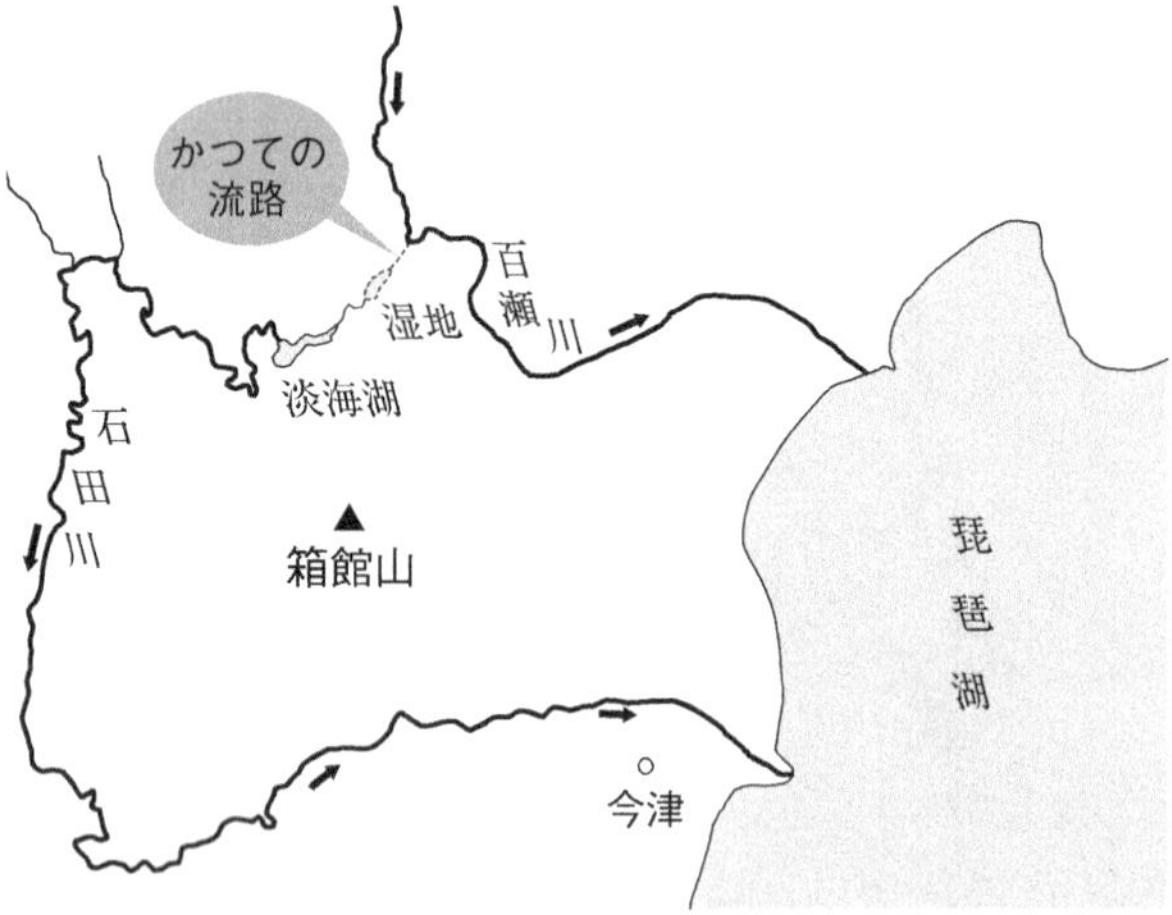

図1－11　奪われた石田川
かつては百瀬川の上流近くから南下し、湿地へ向かう点線を流れていた

す。ところが、かつての石田川（以下、旧石田川）は、隣を流れる百瀬川の上流ときわめて近いところに源流があったのです。旧石田川はそこから南下したあと、南西に流れ（図1－6の点線）、その東側を百瀬川が流れていました。それがあるとき、旧石田川の上流は消滅してしまったのです。

これは「河川の争奪」という現象が起きたためです。

河川の争奪はなぜ起こるのか

河川の争奪とは、川の流域のある一部分をほかの川が奪って、みずからの流域に組み入れてしまうことです。隣りあう二つの河川の流域が近づき、接したときに起こる現象です。

一般的なケースとしては、一方の川の「谷《こく》

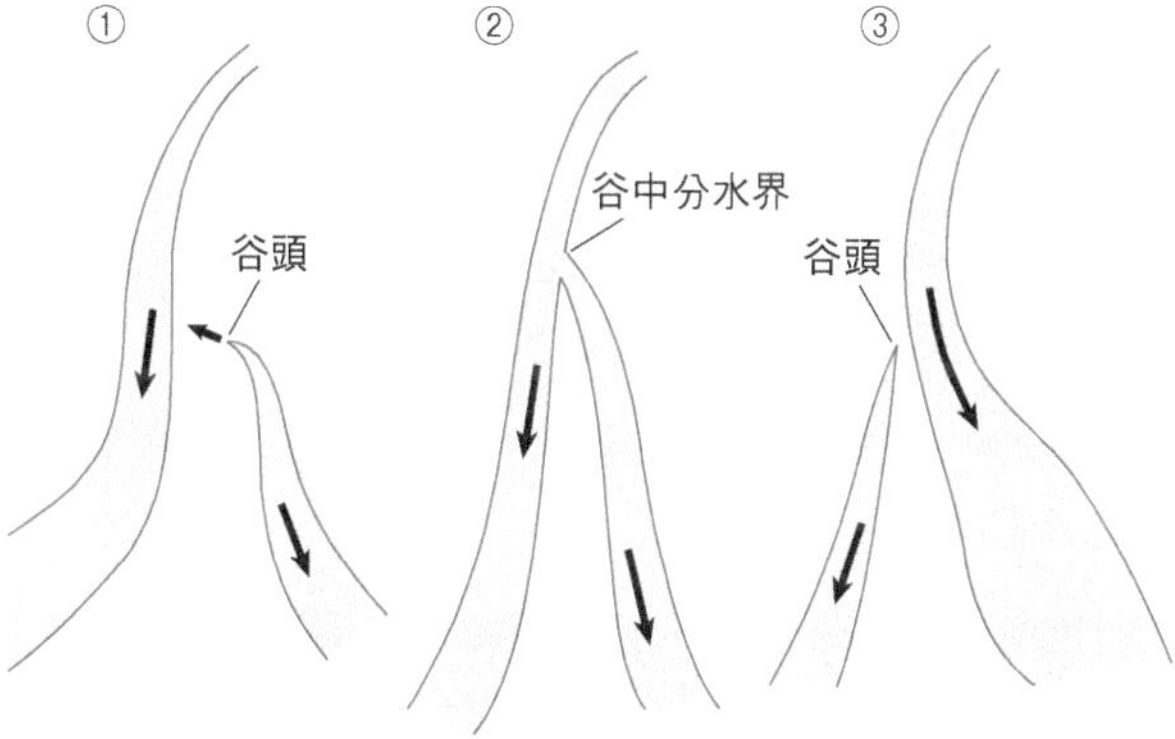

図1－12　河川の争奪が起きるまで
①一方の川の谷頭が、浸食などによってもう一方の川に近づく
②近づいた谷頭が、もう一方の川の中に入り込む（谷中分水界）
③入り込んだ川の勢いが強ければ、もう一方の川の上流を奪う

頭《とう》」が浸食によって近づき、もう一方の川と接する場合があります。谷頭とは、川の上流の、谷の最先端です。浸食は水や風が地表などを削っていく作用です。谷頭が浸食しながら進んでついに隣の川にまで達したとき、そこで隣の川の流れを奪いとってしまうことがあるのです（図1－12）。隣の川にとっては、その地点より上流の流域を放棄することになります。

あるいは、断層のずれなどによって、一方の川が隣の川に接したときにも、一方の川が他方の川の流れをそこで奪いとってしまうことがあります。

これらはいうなれば、鉄道の線路のポイントを切り替えるようなものです。ポイント切り替えが起きるのは、両者の河床の勾配や、水の流量の差が大きく、浸食力、つまり川の勢いに差があるときです。勢いの強い川が勢いの弱い川の流れを奪い、河川の争奪が起こるのです。

旧石田川が百瀬川に奪いとられた「川盗り事件」の場合は、犯人は断層でした。旧石田川の上流は、断層によってずれて斜面が緩くなり、川が埋積しました。さらに下流でも断層運動が起こり、川が少し東へとずれました。そのために、百瀬川の流路とくっついてしまったのです。

このとき、短い流路を直線的に流れている百瀬川に対し、大きく蛇行しながら悠長に流れていた旧石田川は勢いが緩かったため、百瀬川が旧石田川の上流を奪ってしまったのです。

この結果、旧石田川は争奪が起きた地点から上流を放棄し、その地点を源流として、現在の石田川のように流れることになってしまいました。「川盗り」によって流域が増大した百瀬川では、砂礫《されき》の運搬量がふえて、それらが平野に堆積して広大な扇状地が形成されました。

世界の川に見る「河川の争奪」

川を鉄道に見立てたとき、線路が切り替わるポイントを「分水界《ぶんすいかい》」といいます。一方の川の谷頭が、もう一方の川の中に侵入した状態にあるとき、これを「谷中分水界《こくちゅうぶんすいかい》」といいます。そこでは二つの川がまさに、存亡を賭けてせめぎあっているのです。

河川の争奪は、日本にはたくさんの例があります。長野県の天竜川が流れている谷の東には四つの谷中分水界があります。北から杖突《つえつき》峠、分杭《ぶんぐい》峠、地蔵峠、青崩れ峠です。これらの谷では、

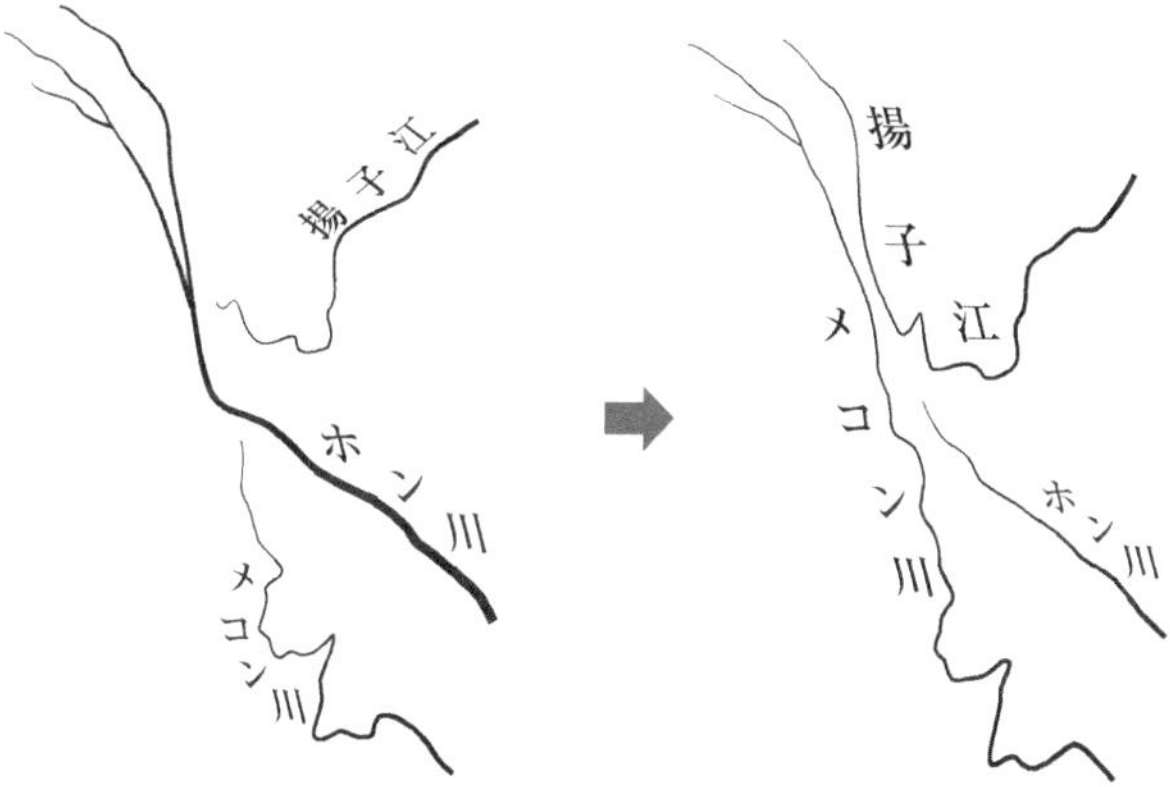

図1－13　揚子江とメコン川に奪われたホン川
かつてはアジア最大級の川だったが、次々に流路を奪われてしまった

これから河川の争奪が起こるかもしれません。

世界でも、河川争奪の痕跡とされる地形はいくつも見られます。ライン川の支流のミューズ川が、その支流の東側をワインで有名なモーゼル川に盗られ、西側をセーヌ川に奪取されていたりします。また、ベトナムのホン川は、かつては近くを流れる揚子江とメコン川の流域をあわせもつアジア最大の川であったとみられています。ところが河川の争奪によって、揚子江とメコン川に次々と流路を奪われてしまったのです（図1－13）。

つけくわえると、河川の争奪は火山活動によって起こることもあります。火山の噴出物が川を堰《せ》き止めて湖ができて、湖からの水の出口が別の川に接続する場合などです。また、川の浸食力の違いは、河床をつくる岩石の硬さの違いによって生じる場合もあります。

謎の6 平地より上を流れる川

なんと周囲の平地よりも高いところを流れている川がある。このような川は「天井川《てんじょうがわ》」といわれ、川の下をトンネルが通っているところもある。なぜこのような奇妙な川ができるのだろう?

意外に多い天井川

琵琶湖の東岸の愛知《えち》川や野洲《やす》川は、平地より高いところを流れています。このような川のことを、天井を流れる川という意味で「天井川」といいます。いわば2階にお風呂があるようなものでしょうか。天井川と聞くと私が思い出すのは、『東海道中膝栗毛』の小田原のところで出てくる「釜風呂」です。底が抜けてしまうと、お風呂(川)の下は水浸しになってしまうので心配で

す。重力的にも不安定なはずなのに、どうしてこんなものができるのでしょう。

流路の一部が天井川になっている川は、じつは日本の至るところにあります。とくに有名なのは、利根川の支流の渡良瀬川（栃木県）、滝のように流れる常願寺川（富山県）、鵜《う》飼いで名高い長良川（岐阜県）、寝屋川（大阪府）、武庫《むこ》川、芦屋川、住吉川、石屋川（いずれも兵庫県）、斐《ひ》伊《い》川（島根県）などです。また、川によっては交通の妨げになるので河床の下にトンネルを掘って、鉄道や道路を通しているところもあります。このようなトンネルを「天井川トンネル」といいます。東海道本線では、旧草津川（滋賀県）や芦屋川を、天井川トンネルを使って抜けています。1874年に開通した日本で最初の鉄道用トンネルである石屋川トンネルも、天井川トンネルでした。

意外に天井川の数は多いようですが、では、なぜできるのか、謎解きをしてみましょう。

天井川ができるしくみ

天井川とは、自然と人間との「合作」による地形と考えることができます（図1－14）。川は下流になるほど、上流から運ばれてきた砂や泥などが河床に堆積しやすくなります。すると河床が上がり、豪雨などで川が氾濫しやすくなります。川が氾濫すると、砂や泥が川の土手を越えて外へ流れ出します。砂や泥は川の土手に堆積します。これが度重なると、だんだんと高く積もっていき、ついに堤防のようになります。これを「自然堤防」といいます。人間がつくる堤防よりは、はるかに小さなものです。

しかし、自然堤防では心もとないので、人間は氾濫を防ぐために人工的に堤防をつくります。

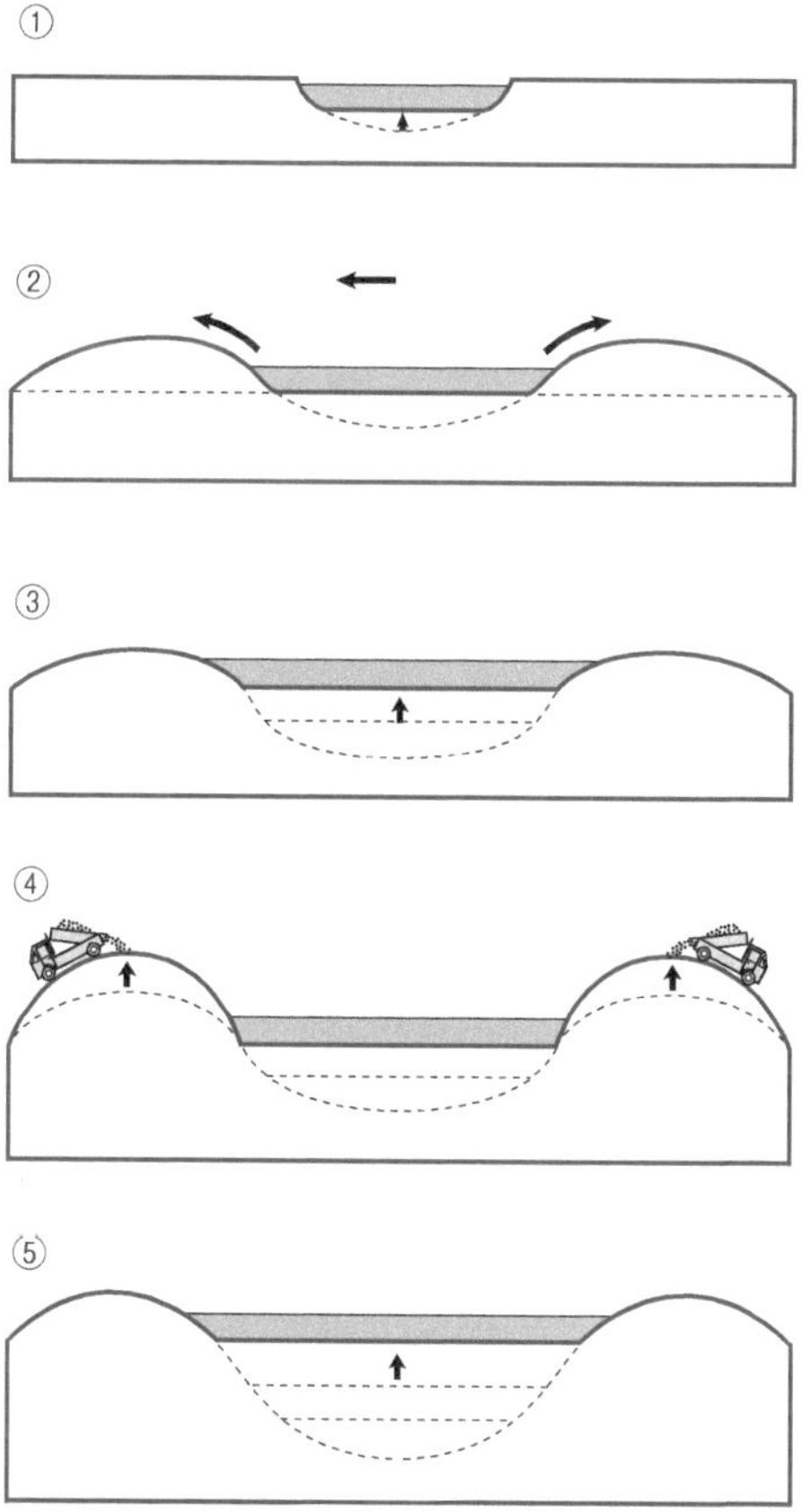

図1－14　天井川ができるまで
①砂や泥がたまって河床が上がる
②砂や泥があふれて両岸に堆積し自然堤防ができる
③砂や泥が出られなくなってたまり、河床が上がる
④川が氾濫するおそれが生じると人間が堤防をつくる
⑤さらに河床が上がり天井川になっていく

堤防という「壁」ができると、それまで外に流れ出て自然堤防を形成していた砂や泥は川から出られなくなり、河床にたまります。すると、また河床がかさ上げされ、川があふれやすくなり、氾濫が起きます。氾濫を防ぐために堤防を高くすると、さらに河床はかさ上げされていきます。こうした〝いたちごっこ〟が度重なると、河床はついに周辺の土地より数メートルも高くなって、まるで天井に川があるような地形になるのです。

天井川は川の上流ではできません。上流は河床の斜面が急で、流れが速いために、浸食や削剝などの作用のほうが強く、河床に堆積物がたまらないからです。

天井川が氾濫すると、河床のほうが周囲より高いため水は行き場を失い、氾濫が長引くことがあります。人口が密集しているような地域で氾濫が起こると、きわめて危険です。

天井川ができる地質とは

さきほど例にあげた、天井川ができた川には、共通した地質があります。それは花崗岩地帯であるということです。

花崗岩は墓石やビルの柱などに使われるなじみ深い石で、一般的には「御影石《みかげいし》」とも呼ばれています。兵庫県の御影というところからよく採掘される石材ということからこれが花崗岩の代名詞のようになっていますが、花崗岩そのものは等粒状（粒子の大きさがそろっている）の、粒が大きくて粗い鉱物からなる深成岩です。深成岩とは、マグマが地下の深部でゆっくり冷えて、固まった岩石です。

花崗岩を構成するのは石英や長石、雲母《うんも》や角閃石《かくせんせき》などの鉱物です。また、磁鉄鉱やチタン鉄鉱も含んでいます。その大きな特徴は、風化に脆く、すぐに真砂《まさこ》という白砂になってしまうことです。つまり、浸食に弱くて、川によって運搬されやすいのです。

さきほど例にあげた愛知川や野洲川が流れる滋賀県の琵琶湖東岸地域には「湖南アルプス」と呼ばれる花崗岩地帯があります。また、富山県の常願寺川は、源流に飛騨山脈や立山連峰の花崗岩があります。兵庫県の四つの川の上流の六甲山地や、島根県の斐伊川上流の中国山地にも花崗岩の岩体があります。

風化しやすい花崗岩は大量の砂となり、川によって運搬されます。その砂がたまって河床をどんどん高くしていくのです。「風が吹けば桶屋《おけや》が儲かる」ではありませんが、花崗岩地帯を流れる川の下流に天井川ができるのは、かなり必然に近い現象といえるのかもしれません。

謎の7 川がつくった段々畑

山梨県と神奈川県を流れる相模川の流域には、段々畑《だんだんばたけ》のような地形がある。一見すると人間がつくったように思えるが、これは自然の産物なのである。なぜこのようなものができるのだろうか?

川がつくりだした天然の造形美

天井川は自然と人間の合作でしたが、今度は自然がつくった人工物のような地形です。段々畑は斜面を利用して耕作をするための人間の知恵です。正確には、稲作に用いられる場合を「棚田《たなだ》」といい、それ以外の畑として利用する場合を段々畑といいます。日本では山間の両側の斜面にいくつもの棚田や段々畑が見られますが、東南アジア諸国には日本の規模とは比べよう

図1－15　桂川（山梨県）に沿ってできた河岸段丘
草木が生えているところに段差がある。段丘面には人によって棚田もつくられている（桂川は相模川の山梨県を流れる部分）

もないほど大きな棚田や段々畑が発達しています。広大な棚田が一望できる地形を「千枚田」といいますが、まさにそう呼ぶにふさわしい情景です。

ところで、棚田や段々畑は人がつくったものですが、不思議なことに、これとよく似た構造の地形が、川に沿って自然につくられることがあります。これを「河岸段丘《かがんだんきゅう》」といいます（図1－15）。河岸段丘は川という〝名工〟がつくりだした、絶妙の造形なのです。棚田や段々畑の中には、河岸段丘を人間が利用している場合もあります。

山梨県と神奈川県にまたがる相模川の流域には、天然の河岸段丘と人工の棚田が入り混じっていて、一見しただけでは区別がつかないこともあります。JR中央本線の鳥沢駅から猿橋駅にかけては、その両側に三段の平坦な面が広がっています。これは河岸段丘です。河床から最上段までの高さは100mくらいです。相模川の下流、JR相模線下溝駅のすぐ横には棚田が広がる「棚田八景」といわれる場所があります。川が幅広くゆったりとカーブする大陸的な景観を呈していて、私は大変気に入っています。かと思えば、相模川の右岸、丹沢の大山や蛭ヶ岳《ひるがたけ》などが美しいスカイラインをつくっている西側にはまた、三段の河岸段丘が見られます。その少し上流の田名というところでは、河岸段丘から古代人の遺跡が見つかっています。

　このように絶妙な地形が、なぜ川によってつくられるのでしょうか。

気候変動と地殻変動の「化石」

　あらためて定義すると河岸段丘とは、川の流れている両側の斜面に棚田や段々畑のように段差ができて、平坦な面が何枚も存在する地形のことです。

　河岸段丘ができる原因はいくつかありますが、その一つは、意外に思われるかもしれませんが気候変動です。なんらかの原因によって気候が寒冷化すると、河岸段丘ができるのです。

　寒くなると氷河ができて、蒸発した海水が陸に積み上げられるために海面が下がります。海面が下がると、川が海に流れ込むときの傾斜が大きくなり、川は流速を増します（図1－16）。すると、川が河床を削る下刻作用が進みます。これによって、河床の中央部は激しく浸食されて、

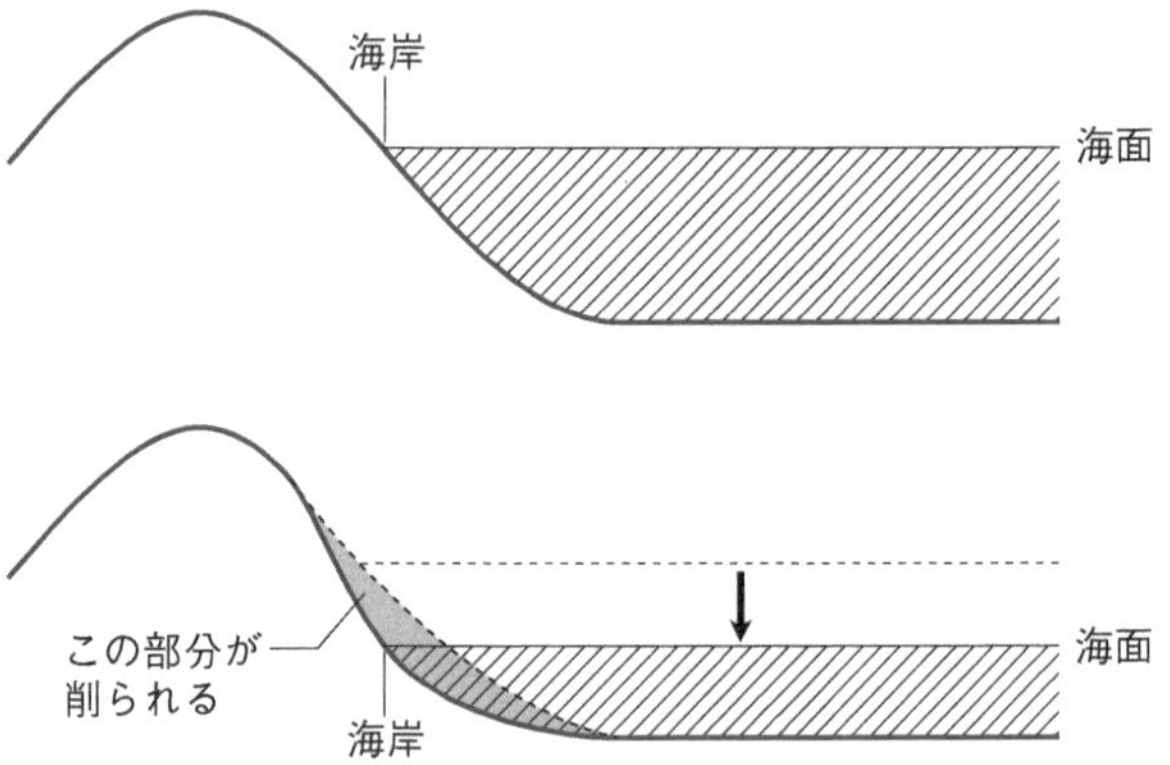

図1－16　海面低下による川の傾斜の変化
海面が低下すると、山から流れ下りる川によって下図のグレーの部分が削られるため、川が海に流れ込むときの傾斜が大きくなる

どんどん下がっていきます。ところが、河床の縁のほうは浸食されず、もとの平坦な状態のままで取り残されます。このように浸食の度合いに差ができるために、段ができるのです。

やがて河床の中央部を流れる川は段丘面を残しつつ次第に川幅を広げますが、また中央部を深く削っていきます。この過程が何度も繰り返されると、何段もの河岸段丘ができるのです（図1－17）。

河岸段丘ができる理由としては、気候変動のほかに地殻変動もあります。海面が下がるかわりに、地殻変動によって地面が隆起しても、河床と海の高さとの落差が大きくなるので、下刻作用が進み、河岸段丘ができるわけです。

そのような意味では、河岸段丘は地球の気候変動や地殻変動の痕跡を遺《のこ》す〝化石〟ということもできるのです。

河岸段丘ができるもう一つの理由として、堆積物が河床の表面に埋積して、河岸段丘となることもあります。川が堆積物によって埋められて平坦面となったあと、再び下刻作用によって真ん

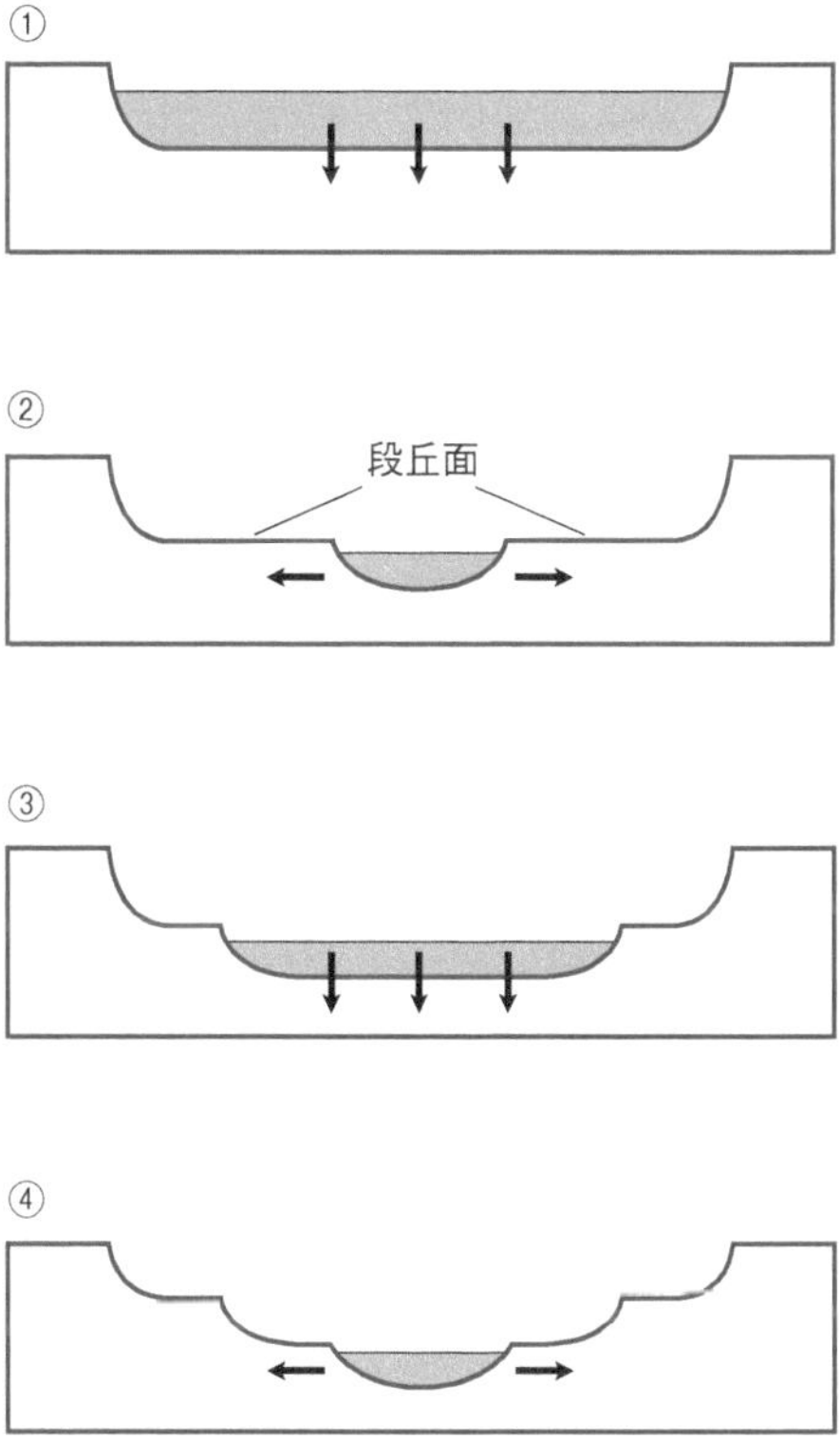

図1－17　河岸段丘ができるまで
①川の流れが急になり河床の中央部が激しく下刻される
②河床の中央部にできた流れが左右に川幅を広げる
③河床の中央部がさらに下刻される
④この繰り返しによって段丘面が次々に形成される

図1－18　「日本の棚田百選」に選ばれた丸山千枚田（三重県熊野市）

中が削られて、両端が残ったものです。堆積物は川によって上流から運ばれることも、両側の山脈からもたらされることもありますが、いずれにしても河床が浸食・運搬される量よりも、供給される堆積物の量のほうが多い場合にかぎられます。

　日本では長野県の諏訪湖から流れ出る天竜川に、とくに河岸段丘が発達しています。このことを初めて指摘したのは地理学者の辻村太郎でした。最近では、地元の研究者である松島信幸さんが河岸段丘についてきわめて精密な研究をされていて、天竜川の河岸段丘が右岸と左岸ではできかたが異なること、そして、これらが形成されたのは第四紀（約２５８万年前から現在）であることを指摘しました。右岸の段丘は、中央アルプスの隆起にともなってできたと考えられています。木曾山脈からの堆積物が天竜川に流れ込みながらたくさんの扇状地をつくり、それが木曾山脈の隆起にともなって隆起したことなどが松島さんによって示されています。

人工物の棚田のほうは、世界最大規模のフィリピンのコルディリェーラ棚田群が世界遺産に登録されたり、日本でも農林水産省によって「日本の棚田百選」（図1－18）が選定されたりと、その美しさが認知されていますが、天然の河岸段丘が世界遺産になっていないのは、個人的には残念なところです。

謎の8 砂漠の洪水

古代中国の武将が軍勢を率いてタクラマカン砂漠を行軍中に、突然、洪水に遭遇し、多大な犠牲者を出したという記録が残っている。砂漠で洪水が起きるなどということがあるのだろうか？

「悪鬼の仕業」のような濁流

ときは後漢の献帝（在位189年〜220年）の時代でした。名を索勱《さくばい》という武将が「西域」（西アジア）をめざし、1000人の兵を率いてシルクロードを行軍していました。中央アジアのタクラマカン砂漠に入り、その東にあるクム川（クムダリ）という川のあたりに差しかかったときでした。突然、川が氾濫して洪水が起こり、すさまじい濁流が一行を襲った、というので

す。中国最古の地理書といわれる『水経注』にそのような記録が残っています。

索勱はこの洪水を、川に悪鬼が棲《す》みついているせいだと考えました。そこで全軍に号令して、濁流に弓矢を射込んだり、刀で斬り込んだりと、まるで本物の戦争のような戦いを挑みました。二度にわたる戦いで兵の半数を失い、ついには愛していた女性まで生贄《いけにえ》として差し出したというその悪戦苦闘の顛末は、井上靖の短編小説『洪水』にも描かれています。

それにしても、砂漠でいきなり洪水が起きるなどということがあるものでしょうか。この話が事実なら本当に恐ろしいことで、索勱が悪鬼の仕業と考えたのも無理もありません。

“犯人”は雪と氷

たしかに砂漠には、雨季にだけ現れる川が存在します。水がなくなってしまった涸《か》れ川のことをアラビア語で「ワジ」といいます。サウジアラビア、中央アジアやアフリカなどの乾燥地帯にはよく見られますが、涸れ川にもかかわらず、雨季には水が轟々と流れることがあります。そして、しばしば洪水を起こすのです。

私はアラビア半島の南東端にある国、オマーンのソハールというところにある谷に2回、地質調査に出かけたことがあります。いずれも12月で、乾季でした。オマーンの川は、大部分がワジです。川の名前も“Wadi Hilti”など、最初にワジがつくのです。乾季のワジに水はなく、直径1

ｍ以上もの巨礫がたくさん転がっていました。同じ景色ばかりが続くので、自分がいまどこにいるのか、わからなくなりそうでした。これらの巨礫は、雨季のワジを轟々と流れていた泥水によって運ばれたものです。そのときの水の流れを想像すると、ぞっとしました。

しかし、索勘が遭遇した洪水は、豪雨だけが原因で起こったとは考えにくいのです。二度目の戦いのときは晴天であったように思われるからです。

おそらくは砂漠を取り囲む高山に残っていた大量の雪や氷河が、太陽の光に温められて一気に融け、山を下ってすさまじい濁流となったのでしょう。実際に砂漠では、このような原因による川の氾濫が頻繁に起こっています。日本に住む私たちには気づきにくいことですが、高山の雪融け水の量と勢いのすさまじさは、想像を絶するものがあります。

北極近くの高緯度にあって雪と氷におおわれながら、地下からはマグマが噴き出していることから「火山と氷河の国」と呼ばれるアイスランドでも、同じような氾濫はしばしば発生しています。夜の間は凍っていた場所にある雪や氷が、日の出から時間が経つにつれて融けていき、ついには洪水となるのです。私の大学時代の同級生と後輩の３名は、アイスランドの地質調査の折にこの洪水にジープごと呑み込まれて、尊い命を亡くしました。１９８４年の夏のことでした。

砂漠では大雨が降ったり、氷雪が融けたりすると、あっという間に水がたまって大河になります。アフリカではヌーの大群は雨季が来るのを知っていて、この大河を追いかけて移動することはよく知られています。かさかさに乾燥した大地に突然、大河が押し寄せるさまは、きれいに磨かれて摩擦が少ないフローリングの床に水をこぼしたようなもので、水は下に浸み込まず、あらゆる方向へ放散します。しかも、あとからあとから流れが押し寄せてくるので、水平面に薄くたまった水は非常に強い勢いで、どんどん先へと移動していくのです。

地球上に最初にできた陸が水面上に顔をだしたとき、つまり、まだ表面が平坦で、川もできていないときは、このような状態だったのかもしれません。あるいは、海面下にあって波の影響を受け、十分に平坦化された台地が海面上に顔を出したときも、こうした状態になるのかもしれません。

「流れを変える川」と「さまよえる湖」

砂漠ではいきなり洪水が現れることもあれば、満々と水を湛《たた》えていた川や湖が、忽然《こつぜん》と消えてしまうこともあります。次に紹介するのはそうした例です。

スウェーデンの探検家スウェン・ヘディンは1900年、索勱が洪水と戦ったタクラマカン砂漠で、楼蘭《ろうらん》の遺跡を発見しました。楼蘭は紀元前のある時期から4世紀まで、西域に繁栄していた小さな国家です（図1-19）。当時、楼蘭はロプノールという湖の湖岸にありました。ロプノールはタリム盆地から流れてくるタリム川が注ぎ込んでいた広大な塩湖で、「縦横ともに300

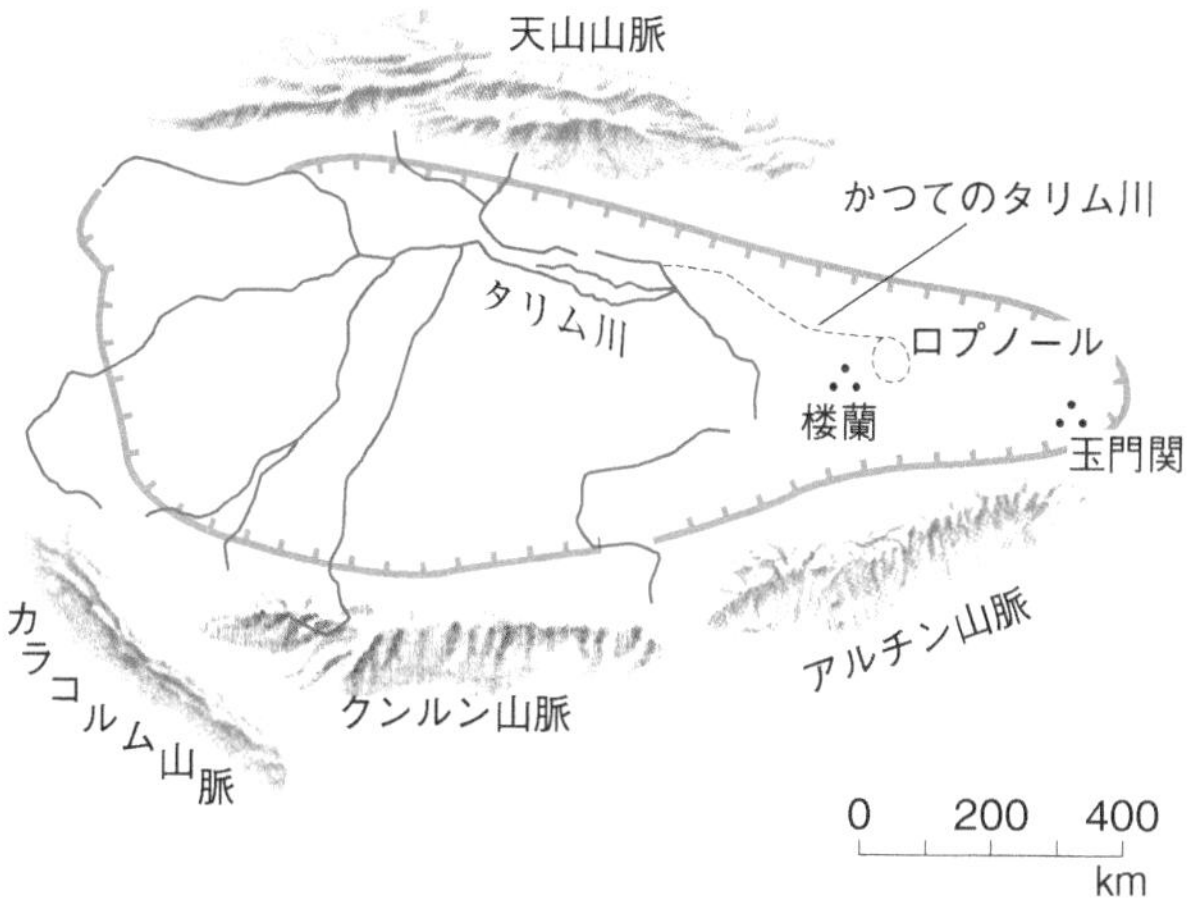

図1－19　タクラマカン砂漠とタリム川
砂漠を囲む山脈から下ってくる川が多数合流しているため、流れ込む雪融け水はすさまじい量となる。索勘を襲った洪水もこれによるものと考えられる

里」「冬も夏も水量が変わらない」と紀元前1世紀ころの史書『漢書西域伝序』に記されています。砂漠の国、楼蘭はロプノールの豊富な水資源のおかげで、オアシスのように栄えていたのです。

　ところが3世紀ころから、ロプノールの周辺一帯の乾燥化が始まりました。豊かな水がなくなった楼蘭は、それ以降、急速に衰退していきました。シルクロードも楼蘭を経由する西域南道は廃れ、敦《とん》煌《こう》から天山山脈の南へ出る西域北道が採られるようになりました。

　やがて楼蘭は砂漠の中で消滅しました。それとともにロプノールも記録から消え去り、どこに存在していたのかさえ定かではない幻の湖となってしまったのです。

それから長い年月がたち、再びロプノールに注目が集まります。ロシアの軍人プルジェワルスキーが、1876年から翌年にかけて中央アジアを踏査し、かつてロプノールに注いでいたとされるタリム川が、南の方向に流れていて、タクラマカン砂漠の南でカラ・ブランとカラ・コシュンと呼ばれる二つの湖に注いでいるのを発見したのです。プルジェワルスキーはこれが幻の湖ロプノールに違いないと主張しました。

しかし、その後の1900年に前述したスウェーデンのヘディンが楼蘭の遺跡を発見したとき、その場所はカラ・コシュンのはるか北方でした。カラ・コシュンがロプノールだとすると、この位置関係では辻褄《つじつま》が合いません。ところが楼蘭の遺跡付近では東西方向に伸びる干上がった河床も見つかっていたことから、ヘディンは、いま砂漠を南に流れてカラ・コシュンに注いでいるタリム川は、かつては東に流れていたのではないか、干上がった河床はそのときのタリム川の跡であり、その先に、楼蘭が存在していた当時のロプノールがあったのではないか、と考えたのです。

ヘディンがカラ・コシュンと、かつてロプノールがあったとみられる場所を調査してみると、カラ・コシュンは泥や植物の残骸などの堆積によって、湖底が少しずつ高くなっていることがわかりました。一方、かつてロプノールがあったとみられる場所は、強風によって浸食されて、標

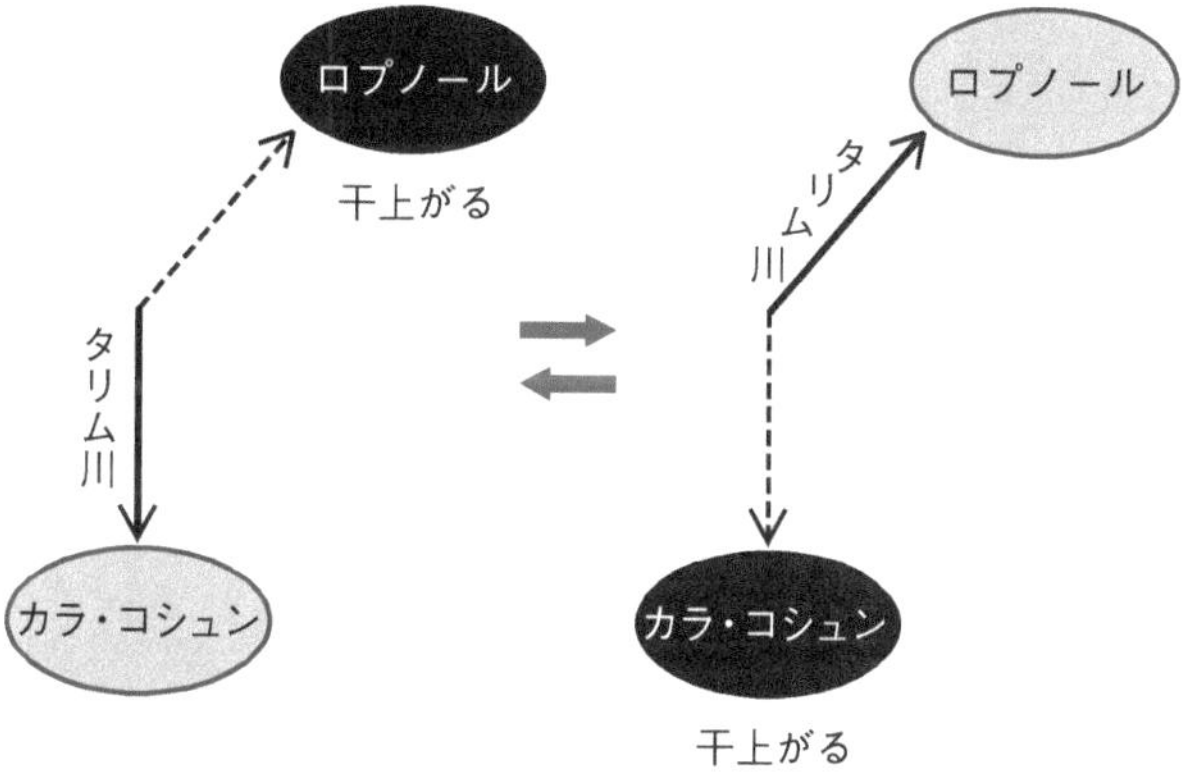

図1－20　ロプノールについてのヘディンの仮説
タリム川の流路が変わるごとに、ロプノールとカラ・コシュンは水が満ちたり干上がったりを繰り返す

高が低くなってきていることもわかりました。そこでヘディンは次のような仮説を立てたのです。

砂漠では高低の差がわずかしかないため、堆積や浸食などで湖底や河床の高さが変わると、川の流路は大きく変化する。したがって、川が注ぎ込んでできる湖の位置も変動する。いずれカラ・コシュンとロプノール跡の高低差が逆転すると、タリム川は再び東へ流れを変え、かつてロプノールがあった場所に注ぎ、カラ・コシュンは干上がるはずだ。3世紀にはその反対の現象が起こって、ロプノールが干上がったのだ（図1－20）。つまりロプノールとは、砂漠の上で長い時間をかけて移動を繰り返す「さまよえる湖」なのだ、と。

このヘディンの仮説は、湖がさまようというよりも、川がほんのわずかな高低の逆転でも流れを変えることを予想したという点で、まさに炯眼《けいがん》というべきものです。のちにヘディンは、タリム川が東へ流れを変えたことをトルファンの商人から聞きこみ、ついに1934年、タリム川を下って、その先にあるロプノールに達します。干上がっていたはずのそこには、満々と水が湛えられていました。みずからの仮説の正しさを、ヘディン自身が確かめた瞬間でした。

しかし、再発見されたロプノールはその後、タリム川にダムが建設されたことなどもあって、現在は再び、完全に干上がっています（図1－21）。

このように砂漠という特殊な条件下では、川は突然、氾濫したり、消滅や移動を繰り返したりと、じつにミステリアスなふるまいを見せるのです。

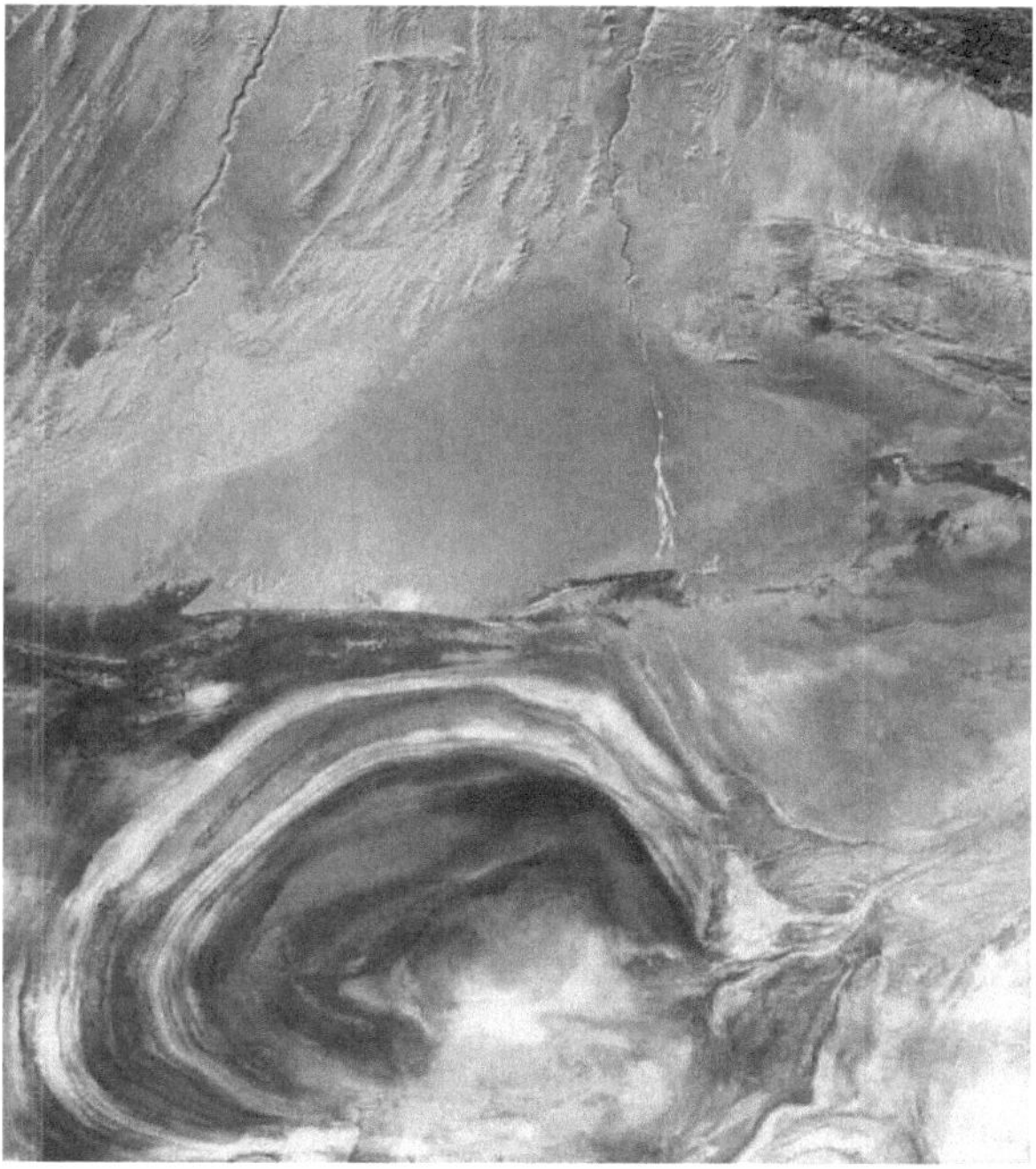

図1－21　衛星画像がとらえた現在の干上がったロプノール
中央下の耳のように見える地形がロプノールの湖床

謎の9

源流がない川

川は通常、山にある源流から出発して次第に平地に流れてくるものだが、富士山麓を流れる柿田川は、いきなり平地に姿を現す珍しい川である。なぜこのような川ができたのだろうか?

町にいきなり現れる川

これまで見てきた川はどれも、雨や雪の最初の一滴から山で源流が生まれ、それが細い上流となり、次第に大きく育ってやがて平地に降りてくるというプロセスで成長していました。ところが富士山の南東の麓には、源流がなく、いきなり平地に現れる世にも珍しい川があります。静岡県は駿東《すんとう》郡の清水町から始まっている柿田川です。

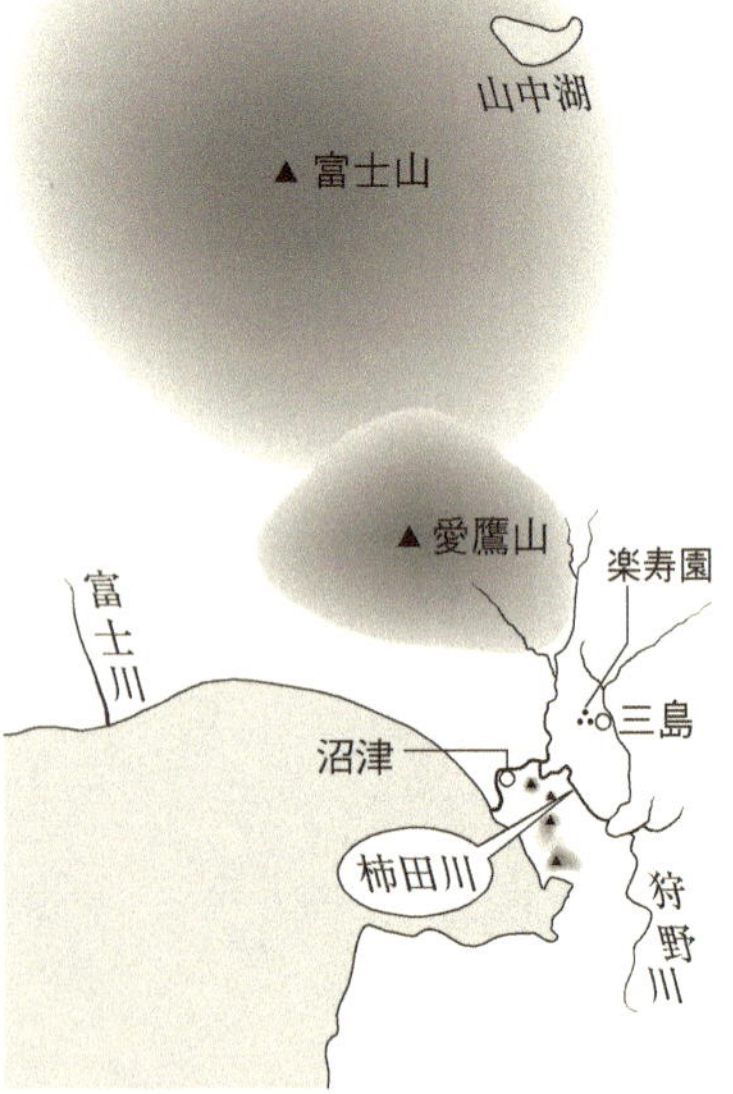

図1－22　柿田川の位置
海岸のほど近くに、源流もなくいきなり現れる短い川である

この川を流れる水はじつに美しく、長良川、四万十《しまんと》川とともに日本三大清流にも数えられています。観光スポットとしてもお薦めしたいので、少しガイドをしながら柿田川が現れる場所（図1－22）までご案内しましょう。

東海道新幹線の三島駅を降りると、北西に富士山がきれいに見えます。駅の南側には市立公園の「楽寿園」があります。ここの小浜池からは昔は、美しい湧水がたくさん出ていたのですが、1960年代から水位が下がっています。池の底には、富士山から流れ下った三島溶岩という玄武岩があり、きれいな縄状の模様が見られます。

楽寿園を出て、南をめざして坂道を下っていくと、脇を下水が勢いよく流れています。非常にきれいな水で、とても下水には見えません。さらに南へ進むと、三嶋大社に出ます。伊豆に流された源頼朝が深く崇《あが》め、源氏再興を祈願したといわれている神社です。

ここから南西へ、海岸の方向へ歩くと、国道1号線に出ます。不思議なことに国道の北側、つまり富士山の側には、川はどこにも見当たらないのですが、国道を越えて南側に出ると、崖下からいきなり川が始まっています。これが柿田川湧水地です。ここには柿田川公園があり、水が湧き出る「わき間」を観察できる展望台や、柿田川を眺められる遊歩道が整備されています。

柿田川は、地下からこんこんと噴き出すこの湧水から始まっているのです。なぜ源流もなく、このようにいきなり平地に川が現れるのでしょうか。

なぜ富士山には川がないのか

柿田川の謎を解く鍵は、富士山にあります。じつは柿田川の水は、もとをただせば富士山から来ているのです。ところが富士山には「川」がないために、柿田川の水が富士山に由来していることが見えなくなっているのです。考えてみれば山には川が「つきもの」とも思えるのに、なぜ富士山には川がないのでしょうか。

ご存じの方も多いと思いますが、富士山のあの美しい円錐型の山体の内部には、三つの山が隠されています。古い順に、先小御岳《せんこみたけ》、小御岳、古富士です。これらはそれぞれいまから27万年～16万年前、16万年～10万年前、10万年～1万年前にできたといわれています。富士山はこれらの山の上に、いまから1万1000年〜8000年ほど前の噴火でできた新富士火山が乗っかった、四階建ての構造になっているのです。

このうち、最後の新富士火山ができたときの噴火で流れ出したのは玄武岩の溶岩で、この溶岩には、さらさらしていて流動性が高いという特徴がありました。あるものは箱根と愛鷹山《あしたかやま》の間の谷を流れて三島まで流れ、あるものは山麓を北に流れてJR中央本線の猿橋まで、じつに山頂から50㎞も流れ下りました。このうち三島まで流れたものが三島溶岩流で、さきほどご案内した楽寿園の池の底にある玄武岩もこの溶岩です。

現在の富士山の表面は、このさらさらした玄武岩溶岩によって、万遍なくおおわれているのです。そしてこの溶岩には、ガスが抜けるときにできる割れ目や、気孔という穴がたくさんできるという特徴もあります。「エメンタールチーズ」と呼ばれる穴だらけのチーズがありますが、まさにあのような状態です。

富士山に降った雨や雪融け水はすべて、表面をおおうそれらの割れ目や穴を通して山体の中へ浸みこんでしまうのです。富士山の表面に川がまったく見られない理由は、ここにあります。

ところが、新富士火山の下にある古富士の溶岩は、やはり玄武岩なのですが趣は異なり、きわめて緻密で割れ目や孔などがほとんどありません。したがって上から浸み込んできた雨水などはその下に浸み込むことはなく、古富士溶岩の表面を流れ下りることになります。おそらく古富士

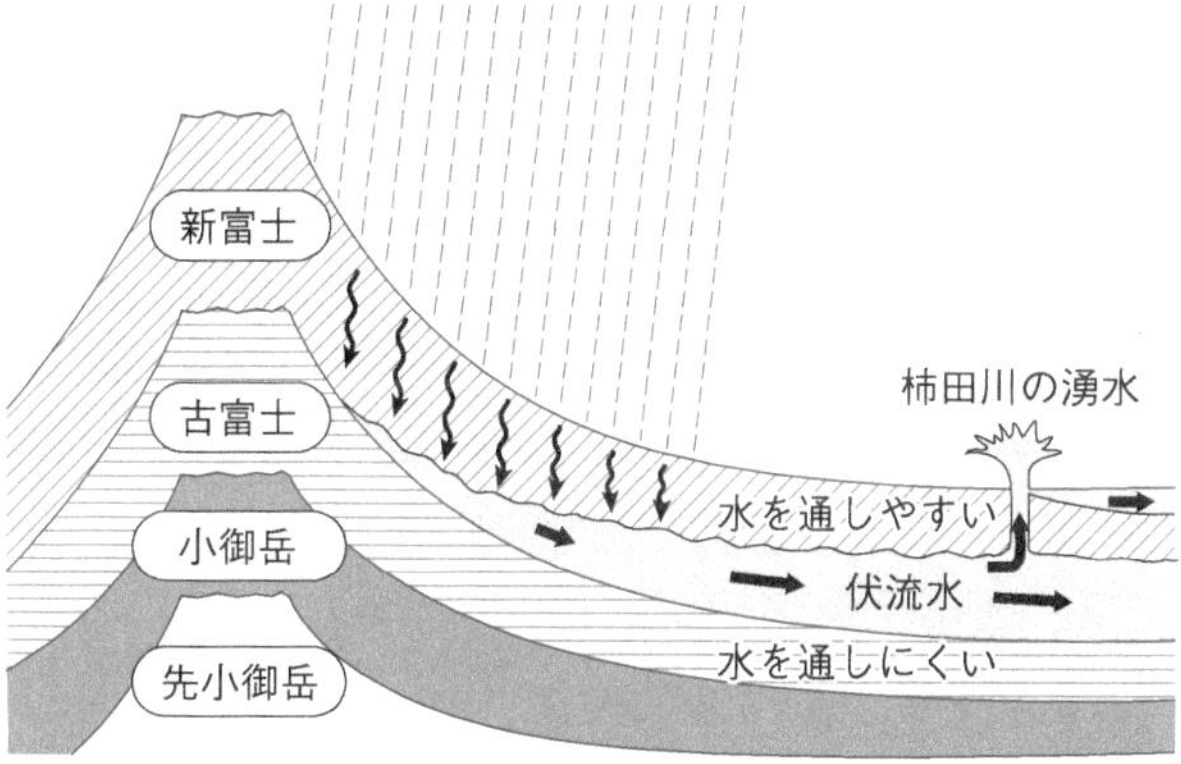

図1－23　富士山からの伏流水が柿田川となる

が山体の表面に露出していたころには、富士山にはいくつかの川が流れていたのでしょう。

しかし、頭上を新富士火山におおわれてしまっても、古富士の表面を下る流れは川としての役割をはたしています。このような流れのことを伏流水《ふくりゅうすい》といいます。柿田川とは、富士山からえんえんと流れてきた伏流水が、ついに地表に顔を出したところだったのです（図1－23）。その湧水量はなんと、一日に約100万㎥、ドーム球場の全容積にも匹敵します。水源としての富士山の、途方もない力を思い知らされずにはいられません。

このように富士山の周辺の川や湖は、大なり小なり富士山の伏流水の影響を受けています。最近では河口湖の水位が下がり、湖の中のお地蔵様まで歩けるようになりましたし、楽寿園の小浜池の湧水が涸れてきたのはさきほど述べたとおりです。これらは富士山の地下水脈の変化、たとえば水路の目づまりなどが原因と考えられます。もしどこかで突如として水が湧き出すようなことがあれば、ほかの場所で出られなくなった水がルートを変えて出てきたものと考えられます。

伏流水が地表に現れている例としてもう一つ有名なものに、信州の活火山、浅間山に見られる「白糸の滝」があります。

浅間山は全体が安山岩と石英安山岩（デイサイト）でできています。ごつごつした岩の塊が積み重なった鬼押し出しにその特徴が見られます。この岩石も溶岩として流れ出たあと、ガスが放出されて気孔があくのです。すると富士山と同じように雨水は山体の内部へと入っていき、山体の中にある緻密な岩石との境界で止まり、その上を流れて伏流水となります。これが地表に出てきたところに落差があったために滝になったのが、白糸の滝です。

地下を流れる川

伏流水とは、言ってみれば地下水の一種です。そして地下水とは「地下を流れる川」にほかなりません。じつは地下水は地表に存在する水よりもはるかに多く、その水量を地球上のすべての河川を流れる水の量と比べると、約４８００倍にもなるといわれています。ほとんどの川は、地下を流れているといってもよいのです。

ふだんは見えない巨大な水系、地下水を見学しやすい場所としては、鍾乳洞《しょうにゅうどう》があります。日本には２０００以上の鍾乳洞が知られています。鍾乳洞は炭酸カルシウムでできた石灰岩によってつくられた地形です。石灰岩のもとになったのはサンゴ礁で、よく見ると、サンゴ礁が海にあった当時の生物の化石が含まれているのがわかります。

岩手県には北の安家《あっか》洞と、南の龍泉洞という二つの有名な鍾乳洞があります。安家洞は現在知られている日本の鍾乳洞では最長で、24㎞にもわたるといわれていますが、残念ながらこの中では地下水は見られません。

一方の龍泉洞には、地底湖が七つもあって、透明度の高い水に満たされています（図１‐24）。最も深い第４地底湖の水深は１２０ｍにもおよびます。全長数キロにわたって、階段を昇り降りして見学できるのがすばらしく、ショートカットの見学路もあります。ほとんど流れがない湖で１００ｍ以上もの深さがあるのは稀《まれ》なことで、何か理由があるはずですが、よくわかっていません。

石灰岩は雨水のような弱酸性の溶液に接すると、炭酸カルシウムが溶けて凹んでいき、やがて孔があきます。孔の中で炭酸カルシウムが再結晶したものが、鍾乳洞に独特の石筍《せきじゅん》や鍾乳石などです。孔の中に雨水が入り込み、長い時間をかけて浸食が進むと、そこに流路ができ、落差があれば川となって流れるようになります（図１‐25）。ただし鍾乳洞が地殻変動によって隆起して

図1－24　龍泉洞の第二地底湖

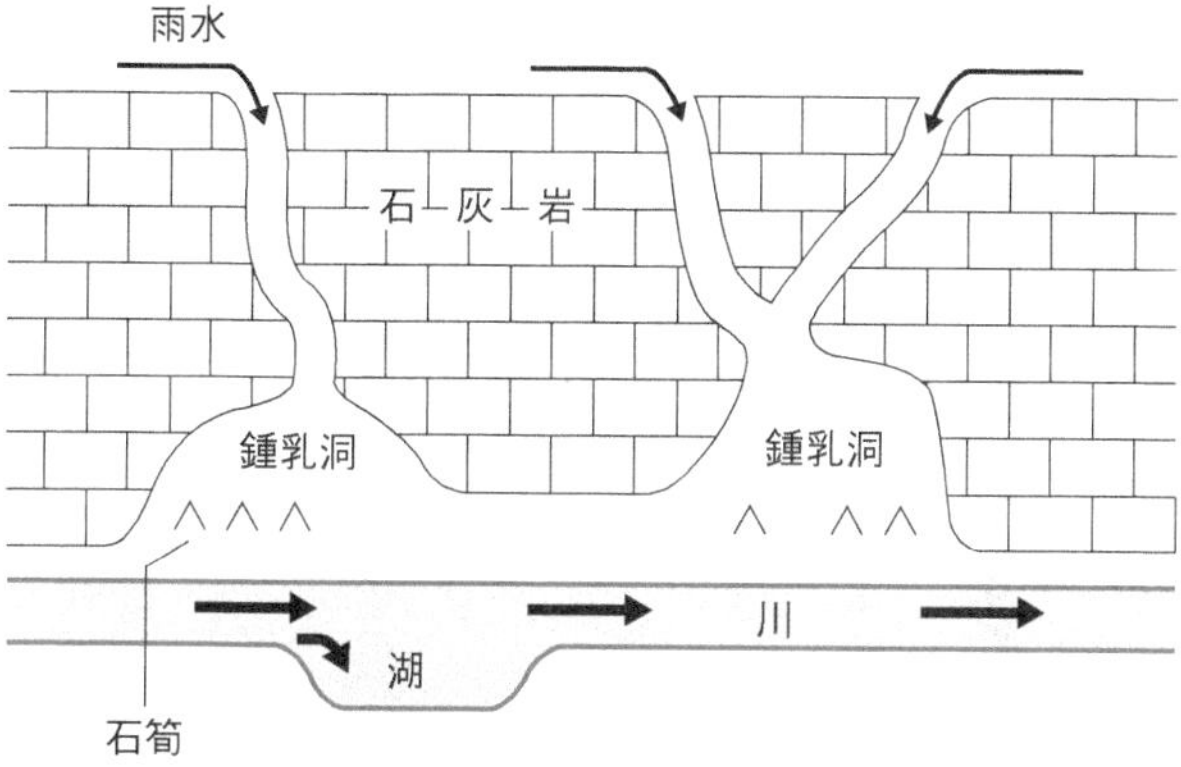

図1－25　鍾乳洞を流れる川

地下水面より高くなると、もはや水はたまりません。それが安家洞です。

このような地下水の川は、中東のイランやイラクにある、人工的な地下の水路「カナート」とよく似ているように思います。これらの乾燥地帯では、地表の川は巨大河川でもないかぎり、ほとんど蒸発してしまいます。そこで地下に水路を掘って水を流すことで、蒸発を防いだのです。

作家の松本清張は小説『火の路』においてこのカナートを、東大寺（奈良県）の二月堂で毎年3月におこなわれる「お水取り」に重ねあわせています。これは若狭湾（福井県）から流れてくる水を「若狭井」という井戸から汲み上げるという趣旨の行事ですが、日本列島の地下を福井から奈良まで流れる水を、カナートに見立てたわけです。意味深長な考えだと思います。

謎の10 黒い川と白い川

川には真っ黒に見える川と、真っ白に見える川がある。なぜこのような色になるのだろう?

神々が選んだ出雲の「黒い川」

みなさんはふだん、川の色のことなど気にもとめないかもしれませんが、川には真っ黒なものもあれば、真っ白なものもあるのです。なぜそんな色になるのか、その違いはどこから生じるのか、理由を探ってみましょう。

島根県に斐伊川《ひいかわ》という川があります。この川は**謎の6**でとりあげた天井川としても知られていますが、じつは日本という国のなりたちにも深い関わりがあるのです。

『古事記』や『日本書紀』などを見ると、日本の神々の歴史は出雲(島根県)から始まったとさ

れています。これは国造りの神とされているオオクニヌシノカミの祖先の神々が、定住の地を求めて日本各地を渡り歩き、出雲を選んだからです。しかし、日本にはもっと温暖なところはあったはずなのに、なぜ寒くて雪深い出雲だったのでしょうか。

この問いに対して神話は、それは「出雲には黒い川があるからだ」という答えを与えています。そしてこの「黒い川」こそが、かつて「肥《ひ》の川」と呼ばれていた、現在の斐伊川であると考えられています。つまり斐伊川が、出雲を「日本発祥」の地にしたともいえるのです。

斐伊川は船通山《せんつうざん》を源流として宍道湖《しんじ》に注ぐ、全長153㎞の川です。おしなべて浅く、平坦な河床が続いていることもこの川の特徴ですが、それより何より異様なのが、上流のほうでは川が真っ黒に見えることです。水が汚れて黒ずんでいるといったものではなく、本当にブラックなのです。

これはなぜなのか、神々はなぜこの川を見て出雲を選んだのか、謎解きをしましょう。

河床をおおう「黒い宝物」

斐伊川の上流が真っ黒に見えるのは、河床をある黒い鉱物がおおっているからです。中国地方の地質には花崗岩が多く分布していることは、ご存じの方も多いでしょう。**謎の6**で述べたように花崗岩地帯では天井川ができやすく、斐伊川の一部も天井川です。それは花崗岩には粒が粗いために脆くて浸食に弱いという性質があるからでした。河床ではなく地面に露出している花崗岩も、多くがこの性質のために風化して、砂粒になります。中国地方の花崗岩体をつくっているのは石英、長石、黒雲母、白雲母、角閃石、磁鉄鉱などの鉱物ですが、風化によってこれらがばらばらの砂粒になるのです。

砂粒は飛散し、川にも大量に入り込んで、流されます。このとき、軽い鉱物は流されやすいので、下流の海岸近くまで運ばれて、河床に堆積します。逆に重い鉱物は、上流で沈み、堆積します。このように重さによって、河床に堆積する鉱物は分別されていくのです。

最も軽い鉱物は、石英や長石です。それに対して最も重い鉱物は、磁鉄鉱です。斐伊川の上流をおおう黒い鉱物の正体は、この磁鉄鉱なのです。

磁鉄鉱とは、いわば天然の砂鉄で、磁石の性質をもっています。密度は5・2g／ccもあり、地球の密度によく似ています。地球が最も多くもつ元素が酸素と鉄であるように、磁鉄鉱もほとんど鉄と酸素からできています。密度が大きい磁鉄鉱は重く、川の水勢が強くてもなかなか流れません。そのため上流の河床にびっしりと堆積して、あたかも斐伊川の水が黒い色をしているように見せているのです。

オオクニヌシノカミの先祖の神々が「黒い川」がある出雲を選んだ理由も、ここにあります。彼らは川の砂鉄から鉄を取り出せることを認識していたのです。当時、鉄は武具や農具を製造するための最重要資源でした。「たたら」を踏んで砂鉄を溶かし、鉄を取り出す場面はアニメ映画「もののけ姫」にも出てきます。斐伊川の黒い河床は、神々にとっては夢のような資源の宝庫だったのです。

地質学者の石原舜三さんは世界の花崗岩体を調べて、花崗岩には磁鉄鉱を含むものと、チタン鉄鉱を含むものという二つの大きな系列があることを明らかにしました。その区別は簡単で、磁鉄鉱系列は磁石にくっつきますが、チタン鉄鉱系列はまったくくっつきません。そして磁鉄鉱系列の花崗岩があるのは、日本では東北の北上山地と、西の中国山地の2ヵ所しかないこともわかりました。出雲が神々に選ばれた必然性が、ここからもわかる気がします。

「白い川」ができるのも……

次に、白い川の話です。私が生まれ育った京都を流れる白川《しらかわ》は、その名のとおりに白いのです。この白さの理由は、やはり河床をおおう鉱物の白さにあります。これらは「白川砂」と呼ばれ、銀閣寺や龍安寺などの、多くの庭園に敷き詰められています。その際立った白さは、京都の建築文化には欠かせない存在になっています。では、この鉱物とはなんでしょうか。

白川の源流は、大文字山と比叡山の間にあります。二つの山にはさまれたこの一帯は、地下からのマグマが貫入して固まった花崗岩でできていて、白川花崗岩地帯と呼ばれています。そう、白川の白い河床をつくっているのも、やはり花崗岩なのです。ただし、斐伊川とは堆積している鉱物が違っています。

浸食や風化に脆い花崗岩は、ここでも多くがばらばらの砂粒になります。ただし、この花崗岩は、黒い磁鉄鉱を含まないチタン鉄鉱系列の花崗岩であるところが、斐伊川の花崗岩とは違います。川が山を下っていくにつれて、重い砂粒は途中の河床に堆積し、軽くて白い石英や長石が、下流にどんどん流されていきます。そのため、北白川や祇園《ぎおん》など、京都の市街に入って人々の目にふれるころには、すっかり真っ白な砂粒ばかりになっているわけです。しかも、流れによって研磨されるため、石英や長石の粒は角が取れて非常に丸く滑らかになっています。こうして美しい白川砂ができあがり、白川はそれを敷き詰めた白い川になるのです。

このように同じ花崗岩でも、川を黒くしたり白くしたりと、正反対の作用をすることがあります。そこには花崗岩の系列や、堆積する場所の違いなどが反映されているのです。

南米の「ブラックウォーター」

いまあげた2例は、河床の色による川の色の違いでしたが、川の水そのものの色が違う場合もあります。その川は、南米にあります。

ブラジルやその周辺の各国を流れるアマゾン川は全長が６５１６㎞で世界第２位、流域面積は

705万㎢で世界一です（日本一は利根川の1万6840㎢）。その源流はペルーのアンデス山脈ともいわれていますが、本当はどこが源流なのかは、まだわかっていないようです。それはアフリカのナイル川も同じです。

アマゾン川にはおびただしい数の支流が合流していますが、なかでも最大の支流がネグロ川です。「ネグロ」とは「黒い」という意味で、その名のとおり、ネグロ川の水は真っ黒なのです。

ネグロ川はコロンビア国内に源流をもち、南東に流れてブラジルのマナウス付近でアマゾン川に合流します。アマゾン川の支流とはいえ、その流量は毎秒4万2000tもあり、流域面積で世界第2位のコンゴ川（アフリカ）の流量を上回っています。その中州《なかす》はアナビリャーナス群島と呼ばれるいくつもの島になっていて、雨季に水位が上がると、広大な森が水没するほどです。

水が黒い理由は、ネグロ川が大量に呑み込む植物にあります。河床に堆積した膨大な量の枯葉などからタンニンなどの腐植酸ができるために、黒くなるのです。このようにしてできた黒い川を「ブラックウォーター」といいます。南米には同様の川が多いのですが、なかでもネグロ川は世界最大のブラックウォーターです。その水質は強い酸性となるため、ボウフラも育たないといわれています。

アマゾン川の本流のほうはコーヒーのような茶褐色をしていますが、面白いことに、ネグロ川がアマゾン川の本流と合流する地点では、川の色はまったく混ざらず、茶色と黒とのくっきりと

図1－26　ソリモンエスの奇観
アマゾン川のコーヒー色とネグロ川の黒が混ざらずくっきりと分かれている

した境界線ができます（図1－26）。このツートーンの川が、合流点から何キロも先まで続くのです。合流地点あたりの本流にはソリモンエス川という名もあることから、この現象は「ソリモンエスの奇観」ともいわれています。そこにはアマゾン川の本流とネグロ川の溶け込む物質の違いが反映されています。ネグロ川は熱帯雨林の平坦な部分を流れてくるので多くの有機物が溶け込み、前述のように水は酸性になっています。一方、アマゾン川の本流はアンデス山脈から急流を下ってきたために浸食によって多くの土石が溶け込んでいます。水は岩石由来の塩を多く含み、アルカリ性傾向になります。こうした違いに加えて水温や流速の違いもあって、両者は合流しても、なかなか混ざらないのです。

謎の11 異形の川さまざま

川を流れているものは、通常の水だけとは限らない。次のようなものが流れている川は、どのようなしくみになっているのだろうか?

❶マグマ ❷砂 ❸岩石 ❹温泉 ❺塩 ❻氷

ここまで見てきた川にもいろいろと変わったものはありましたが、流れているのは曲がりなりにも、通常の水でした。しかし、世の中には水のほかにも、さまざまなものが流れている川があります。とはいえ、何かが流れているわけですから、これらも「川」というしかありません。

異形の川❶ マグマが流れる川

日本の伝説にある「ヤマタノオロチ」は、夜に噴火した火山から流れ出た溶岩のことではない

氷

かという説があります。どろどろに溶けた真っ赤なマグマが氾濫した川のように四方八方へ流れていくさまが、古代の人々には怪物が出現したように見えたのではないかというのです。

1985年の夏、私はハワイ周辺の海底調査のために調査船「白鳳丸」に乗船しました。その船がハワイ島の町ヒロに停泊していたときのこと、島内に突然、噴火が始まるというアナウンスが流れました。「スパッター（Spatter）」という言葉が使われていました。マグマが噴水のように噴き上げているというのです。もう風呂に入り、酒も飲みはじめていたので「めんどうくさいな」と思って私は聞き流していましたが、何人かの友人は車を飛ばして見物に出かけました。数時間たって彼らが戻ってくると、さっそく撮ってきたばかりのできの悪いビデオを見ました。

かなり遠くに赤い火柱のようなマグマが、たしかに噴水のようにときどき、空に向けて噴き上がっていました。花火のようでもありました。ビデオに映っていたのはそれだけでしたが、じつはそれが、やがてとんでもない大噴火となっていったのです。

ハワイには地下200㎞もの深さのところに「ホットスポット」と呼ばれるマグマができやすい場所があります。そこでできたマグマが、上をおおうプレートを突き抜けて地表に出てくると、巨大な噴火につながります。私たちが遭遇したキラウエア火山の噴火は1983年から始まっていたもので、その後、盛衰を繰り返しながら、なんと現在も続いています。もう30年もマグマを流しつづけているのです。

キラウエア火山は海抜1247m、ハワイ諸島では最も活動的な火山で、20世紀に45回も噴火しています。噴き上がったマグマは**謎の9**で述べた富士山のマグマと同じ玄武岩質なので、流動性が高く、さらさらとしています。そのため地表の低いところをものすごい速さで下っていきます。そのさまはまさに、真っ赤な川です（図1－27）。夜眺めれば、ヤマタノオロチのようにも見えるでしょう。

図1－27　キラウエア火山のマグマの川
30年も流れつづけている

キラウエア火山のマグマは粘性がきわめて低いので、周囲に被害をおよぼすような大噴火になることはありません。そのためキラウエアは「世界一安全な火山」とも呼ばれています。マグマの川は平坦な場所に来て流速が落ちると、通常の川のように扇状地をつくります。これを溶岩扇状地といいます。

ホットスポットはアイスラン

ドや米国のイエローストーンにもあり、やはりマグマの川がしばしば見られます。

異形の川❷ 砂が流れる川

砂が川のように流れることがあります。これを「流砂」といいます。アラブ独立闘争を描いた名作映画「アラビアのロレンス」では、アラブ人の少年が砂漠で足をとられて砂に呑み込まれ、絶命するという衝撃的なシーンが流砂の仕業として描かれています。また、「西遊記」に登場する沙悟浄《さごじょう》は、通常の川ではなく流砂に住む河童《かっぱ》ということになっています。このように流砂は砂漠で見られる現象として知られていますが、川岸や沼地、海岸の近くでも見ることができます。いわゆる「底なし沼」も、流砂と同じ現象です。

流砂は風で運ばれるなどした土砂が、厚い層をなして堆積しているところで見られます。層の下のほうの砂の粒子などが、地下からの湧水などを含んで水分が飽和状態になると、川のように流れるのです。これによって上方の土砂は崩れ落ちてしまいます。埋め立て地のマンションなどで問題になった液状化も、これと似たしくみで起きる現象です。

ただし流砂が流れるのは、ほとんどは深さ1mほどのところですので、映画のように人間がすべて呑み込まれてしまうことは少ないようです。しかし、もがけばもがくほど振動が加わって流動性が高まる性質があり、その点では底なし沼といえますので足をとられたら慎重な対処が必要です。1988年にはアラスカの海で流砂に呑み込まれた女性が死亡する事故も起きています。

また、海底ではおもに河川から運ばれてきた砂が流れていく「漂砂」という現象もあります。これによって陸地から伸びた砂地である砂嘴《さし》や、それが成長した砂洲がつくられます。これも砂の川の一種といえるかもしれません。

異形の川❸　岩石が流れる川

近年、土石流が大きな被害をもたらすケースがふえています。2014年8月20日未明に広島県広島市で発生した大規模な土石流では、74名もの犠牲者を出しました。土石流は文字どおり、土砂や大きな岩石が水と一緒に川を流れるものです。集中豪雨のときなどに、堆積している土砂が流動化して川に流れ込むと、土石流となります。そのスピードは時速40㎞ほどにもなります。

川の下流で大きな岩石が見られれば、過去に土石流が発生した証拠です（図1－28）。通常の川を流れるとはとうてい思えない岩石も、土石流には簡単に流されます。これは、土石流の水は土砂を多く含んでいるため、通常の川の水に比べて密度が極端に大きいからで、巨大な岩石も土石流の中では浮いてしまうのです。

意外なようですが、土石流は火山の噴火によっても起こります。山岳で氷河が発達しているヨーロッパのアルプス山脈や南米のアンデス山脈、あるいはアイスランドでは、火山が噴火すると

図1－28　神山（神奈川県）が山体崩壊したときの土石流の跡
撮影／森慎一

マグマの熱で氷河が融けて、大量の水や泥が火山灰とともに流れ出し、土石流となります。山の麓にいる人々から見れば、山から突然、洪水が襲ってくるわけです。これを「ラハール」といいます。日本語では火山泥流とも呼んでいます。ラハールは大量の水分を含んでいるため流下するスピードはきわめて速く、時速100㎞を超えることもあります。地震などで山体が崩壊したときの土石流は「山津波」とも呼ばれますが、ラハールも一種の山津波です。

1985年にはアンデス山脈で、ネバド・デル・ルイス火山の噴火によるラハールが発生し、アルメロという町では人口のおよそ4分の3にあたる2万1000人が亡くなりました。これは20世紀の火山噴火では2番目に多い死者数です。

土石流と似た現象には「岩雪崩《いわなだれ》」がありますが、これは急な斜面が崩壊したときや、地滑りが発生したときなどに大きな岩石がダンプカーでぶちまけたように川をゴロンゴロンと転がり落ちていくもので、とても「流れ」といえるような代物ではありません。

異形の川④　温泉が流れる川

日本列島は世界でも稀にみる活火山の多い国です。「火山フロント」（火山帯の最も海溝側の線）と呼ばれるライン上の火山から温泉が流出している例は、いくらでもあります。なかには温泉が川を流れていることもあるのです。

青森県の北端、下北半島のほぼ真ん中にある恐山《おそれざん》は「イタコ」のいる霊場として有名ですが、じつは活火山であり、温泉場としても多くの湯治客を集めています。山の周辺ではいたるところから噴気が立ち昇り、70℃以上の温泉が湧きだしています。ここには「血の池地獄」「無間地獄」など、「地獄」という名がつけられた温泉があります（図1-29）。

恐山とは一つの山ではなく、宇曾利山《うそりやま》湖というカルデラ湖をぐるりと囲む複数の外輪山の総称です。温泉は宇曾利山湖の湖底からも湧き出していて、pH（ペーハー：水素イオン濃度）3というきわめて酸性の強い水で満たされています。そして、この湖を源流とし、温泉がそのまま流れている唯一の川が正津《しょうづ》川です。水はやはり強酸性です。こうした水には通常、生物は生息できません。正津川の上流には「三途《さんず》の川」という異名がありますが、まさに〝地獄〟なのです。ただ

図1－29　まさに地獄を思わせる恐山の温泉場

し宇曾利山湖には、この極限環境に適応したウグイが生息しています。

富山県の立山連峰には〝秘湯〟として知られる立山温泉新湯があります。「新湯」とは、じつは直径約30m、水深約5mもある火口湖です。1858年（安政5年）の飛越《ひえつ》地震のときに跡津川断層が動いたことによって、冷泉から温泉に変わったとされています。ここからのお湯が滝となり、ごつごつした山肌を下って注ぎ込んでいる川が、湯川です。

湯川の温泉には大量の珪酸（シリカ）が溶けていて、飽和状態になっています。これが倒木の中に浸透して、珪化木《けいかぼく》がつくられていることが近年、発見されました。これは古い木に珪酸が浸み込んで鉱物のように固くなったもので、いわば木の化石です。これまで珪化木は数十万年から数百万年という長い地質的時間を経ないとできないと考えられていたのですが、湯川なら100年オーダーの短い時間でもできることがわかったのです。また、やはり珪酸によって「玉滴石《ぎょくてきせき》」という半透明の石ができます。その名のとおり、まるで雨の滴《しずく》のような玉が重なったような姿をした大変美しい石です。これは珪酸が少しずつ沈殿して丸い玉になったもので、宝石とされているオパールの一種です。

ほかにも、北海道の屈斜路湖《くっしゃろ》と摩周湖《ましゅう》の間にある川湯温泉や、函館の南西部にある湯の川温泉など、川に湯が流れていることを表している地名は日本にはたくさんあります。それらの多くは火山の頂上近くに温泉があって、そこから川が流れ出しているのです。

異形の川❺　塩が流れる川

沖縄本島北部にある本部《もとぶ》半島の本部町には、塩水が流れている川があります。名前もそのものずばり、塩川です。全長約300m、川幅約4mと規模は小さいのですが、日本で唯一の塩分の高い河川として、沖縄が日本に返還された1972年5月15日の当日に、天然記念物に指定されました（図1－30）。

塩川は、セメント会社が石灰岩を掘り出している場所から突然、湧水として湧きだしました。この場所を塩川原といって、これもそのものずばりの地名です。湧水は**謎の9**で見た柿田川のように、遠くにある源泉から発した水が地下を通って地上に湧きだしたものです。塩川の源泉は、

図1－30　国の天然記念物に指定された塩川

地下の鍾乳洞であると考えられています。その湧水量は毎秒１００リットルを超え、本部半島では第一級の湧水なのですが、なぜ塩分を多く含むのかが昔から謎とされ、「本部の七不思議」の一つともいわれてきました。その理由は、最近ではこのように考えられています。

本部半島にはサンゴ礁の堆積によってできた石灰岩や、石灰岩が変成した大理石が多く露出しています。そのため、石灰岩や大理石の亀裂に雨水が入り込み、地下に浸透してできた鍾乳洞がたくさんあると見られていますが、まだ見つかっていません。雨水の流れは石灰岩を溶かして鍾乳洞をつくったあと、**謎の9**でみたように地下を流れる川となります。その流路が浸食によって、至近にある海の海水面よりも低い水位にまで削られたために、地下水に海水が入り込み、塩分の高い湧水となったのではないか、というわけです。

通常なら、水中の塩分が地表に出てくるのはありえないことです。世界には塩湖として知られる死海や、砂漠で岩塩が露出する例などがありますが、これらは高温や乾燥という特殊な気候によって水が蒸発してできたものです。湿潤な気候の日本における塩川の例はきわめて珍しく、沖縄返還直後にすぐさま天然記念物に指定されたのもうなずけます。

異形の川❻ 氷が流れる川

「氷の河」と書く氷河とはまさに、巨大な氷の塊が流れる川です。世界には南極や、北極近くのグリーンランド、また、ヒマラヤやアルプス、アンデスなどの高い山脈に、たくさんの厚い氷河が存在しています。現在、本格的な氷河が見られる場所はこれらのほか、ノルウェー、アイスランド、南米のパタゴニアなどです。これらには規模では及びませんが、日本でも富山県の立山連峰で、2012年に氷河の存在が初めて認定されました。

南極大陸やグリーンランドなど、極付近の大陸にできる氷河を大陸氷河といいます。勘違いしやすいところですが、大陸氷河は海水が凍ってできるのではありません。大陸に降った雨や雪が凍ってできるのです。雪の厚みが30mを超えると、その重みのために雪自身が圧密されて（圧力を受けて水が固まって）変質し、氷河の氷になります。大陸氷河はきわめて厚く、南極では平均の厚さは3000mを超えます。地表をおおう面積が5万km²以上の、氷床と呼ばれる氷河も南極にはたくさん存在しています。そのため南極の氷河がすべて融けると、世界の海面が65m上昇するともいわれています。

一方で、山の標高が高い場所にできる氷河が山岳氷河です。高い山では気温が100mごとにおよそ0・55℃下がります。3000mの山なら平地より15℃以上低くなります。ある高さより上では、雪は融けずに万年雪として残ります。これが積もり積もってやはり圧密されることで、氷河ができるのです。その高さより上は万年雪となる境界は「雪線」と呼ばれています。アルプスでは約2800m、赤道地帯で約4200m、ヒマラヤで約5000mが雪線の高さです。

ところで、氷河とはその定義の上では、流動する氷塊のことです。静止した氷の塊は氷河とはいいません。つまり、流れをもつ「河」なのです（図1‐31）。流動の速さは平均的には年間で250mほどですが、南極や南米のパタゴニアでは移動速度が速く、とくに最も速い南極西部のパインアイランド氷河とスウェイツ氷河は、1日に4〜5mも動きます。そのほかに、1年間に400mも移動した例も観測されています。

氷河が流動する原動力は、山岳氷河の場合は重力です。標高4000mのアルプスにある氷河でも、自身の重みによってゆっくりと流れて山を下り、やがては海に入り込みます。このとき、氷河が流れる谷は削られてU字形になります。ノルウェーやアラスカの海岸に見られるフィヨルドという地形は、氷河に削られた谷の跡が広いU字形の谷になったものです。山のかなり高いと

図1－31　スイスの氷河に見られる氷が流れた跡　撮影／森慎一

ころから深い谷が始まり、海岸にまでつながっているのがフィヨルドの特徴です。スペインの西海岸に見られるリアス式海岸も、いわばフィヨルドの名残《なごり》です。

　では、山岳のように大きな高低差がないにもかかわらず、大陸氷河が流動する原動力は何でしょう。

　じつは、これについてはまだ確定的なことはわかっていません。スケートがなぜ氷の上を滑るのか、いまだに諸説があるのと同様です。しかし最近の南極観測によって、大陸と氷河との間に氷が融けてできた薄い水の層が、潤滑油のようにはたらいて氷を滑らせているという考えが有力になってきました。なぜ氷河の下の氷が融けるのかについては、地球内部の地殻の熱が、地表に出てくるためと考えられています。

　地球にはたまたま通常の「水」が多いために、私たちは川といえば水が流れるものと思いがちですが、川にはじつにさまざまなものが流れているのです。

謎の12

海底を流れる川

海の底にも、水が流れる流路のようなものがあるという。はたして海底に川などあるのだろうか？

「海の底にも川はございます」

えっ、海の底に川があるの？　と誰もが驚くでしょうが、川が流れていると見られる流路のようなものは、世界中の海底で見つかっています。

平氏が壇ノ浦の戦いで源氏に敗れたとき、二位の尼はまだ幼い孫の安徳天皇を「海の中にも都はございます」となだめて、ともに海に飛び込んだといいますが、その言い回しを借りれば、海の底にも川はあるのです。

川という視点で見れば、日本列島の中央には、北は北海道の宗谷岬から、南は鹿児島県の佐多

岬までつながる、中央分水嶺と呼ばれる大きな分水界が走っています。地表の川はそこを境に、あるものは太平洋へ、あるものは日本海へと、およそ3000mの高さを流れ下っているわけです。まだ海底地形図というものがなかった時代には、川は陸の海岸線のところで終わっていると考えられていました。しかし、海底の研究が進んでいくにつれて、川は地表のみならず、海に入って海底にまでつながっていることがわかってきたのです。

川の終着駅は海溝である

海に注ぎこんだ川に含まれる土砂は、そのあともさらに海底の傾斜に沿って流れ下ります。その行き先は、海溝です。海溝とは最深部の水深が6000mを超える溝状の長く伸びた地形で、日本列島の周辺は太平洋側の日本海溝をはじめ、海溝だらけです。陸上の川は最終的には、深くて安定した海溝でその旅を終え、川によって運ばれた土砂は海溝にたまります。

日本海溝の水深は7400mから9200mほどです。最深部は相模トラフや伊豆・小笠原海溝と一点で交わっていて、「海溝三重点」と呼ばれています。ここが日本列島周辺で最も深い場所です（約9200m）。もしあなたがここに立って富士山を見上げれば、1万2976mの山に見えます。日本の地表に降った雨水は、最大でこれだけの落差を流れ下りるわけです。

分水界から海面までの陸上の落差より、海岸線から海溝までの海底の落差のほうが総じて大きいのですが、海岸線から海溝までの距離が長い（たとえば宮古から日本海溝までが約200㎞）ため、陸上よりも海底の斜面のほうが、平均の勾配は小さくなります。

川の流れは陸上で終わるわけではなく、このように海底を下って海溝まで続いているのです。

「海底谷」は海底を流れる川

しかし、海に入った川の水がそこで拡散してしまわずに、陸上のように決まった流路に沿って海底を流れるのは不思議な気もします。これはなぜでしょうか。

それは海底に、陸上の川を延長した谷である「海底谷《かいていこく》」があるからです。海底谷とはまさに、海底を流れる川です。たとえば天竜川は諏訪湖（長野県）を発して浜松（静岡県）で海に注ぎますが、そこからは天竜海底谷となって、水深約4800mの南海トラフをめざしています。北海道の網走川や釧路川も、海に注ぐと網走海底谷や釧路海底谷へとつながります。その名前も「川」から「海底谷」に変わるだけのものが多いのです。

海底谷の成因はまだはっきりとはわかっていませんが、おもに断層によってできたものと、陸から流れ込んだ土石流が海底を削ってできたものがあります。前者は直線的で、後者は大きく蛇行した流れになります。伊豆・小笠原諸島の海底にある新島海底谷や三宅海底谷は、直線的な海底谷です。一方で、黒部川（富山県）から続く富山深海長谷という海底谷は、大きく蛇行してい

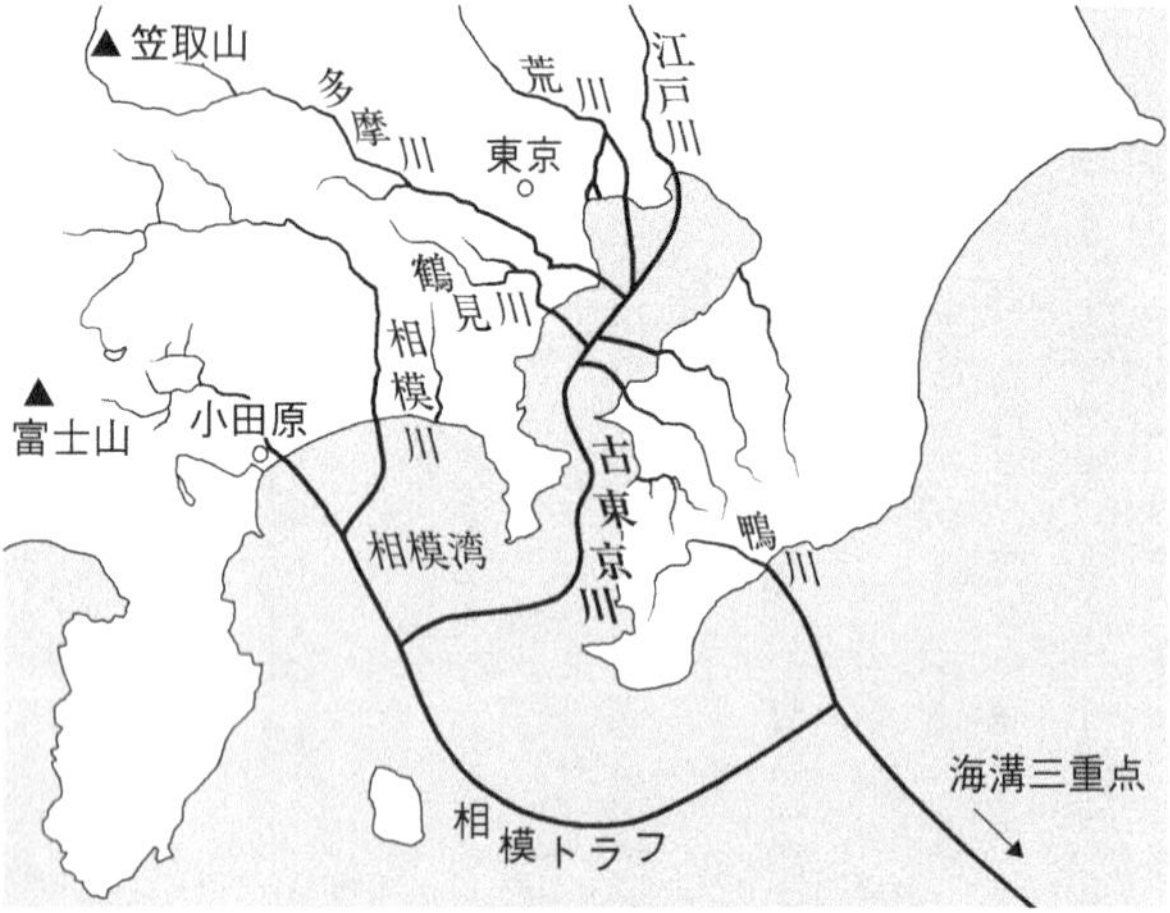

図1－32　かつて陸地だった東京湾を流れていた古東京川
現在は関東の主要な川が流れ込む海底谷となっている

ます。この海底谷は富山湾に注ぐ陸上の川がすべて集まった、長大な海底河川です。

もう一つの成因として、かつて陸地だったところにあった川が、海中に没したものもあります。1万8000年前から1万年前のころの寒冷な氷河期には、海面が下がったために東京湾は干上がり、陸地になっていました。そこを旧利根川、多摩川、荒川、江戸川などが流れていて、相模湾で海に注いでいました。これを古東京川といいます（図1－32）。ところがその後、気温が上昇して海面が上がると、古東京川は海面下に沈み、東京海底谷となったのです。このようなことがわかったのは、音波探査という手法によって海底とその表層の堆積物を見ることができるようになったからです。

みなさんのほとんどはふだん、陸上の地形図しか見る機会がないと思いますが、海底地形図を見ればこのように川と海底谷の関係がわかり、いままで見慣れていたつもりの地形がまったく違う姿を現してくるはずです。

なぜ東北には海底谷がないのか

海底谷は日本の周辺にたくさんありますが、じつは東北地方にだけは大きな海底谷を見つけることができません。陸上には断層も多いのに、まるで海底が調査できなかった時代の地形図のように、川は海岸線で終わっているのです。これはいったいどういうわけでしょう。

その理由は、東北地方の沖ではたえず、海溝型の大きな地震が起こっているためです。地震が発生すると、斜面にたまっていた堆積物が不安定になり、地滑りや斜面崩壊などが起こります。そのため、大量の堆積物が陸上からも流れ込んできて、海底の断層を埋め尽くしてしまい、海底谷が見られないのです。

これと好対照なのが、伊豆・小笠原諸島の海底谷です。ここでは三宅海底谷や御蔵海底谷、スミス海底谷など、たくさんの大きな海底谷が伊豆・小笠原海溝まで届いています。いわば海底谷ラッシュの様相を呈しているのです。東北との違いは何でしょうか。

伊豆・小笠原には陸上に顔を出している島はあるものの、大きな陸地はほとんどありません。

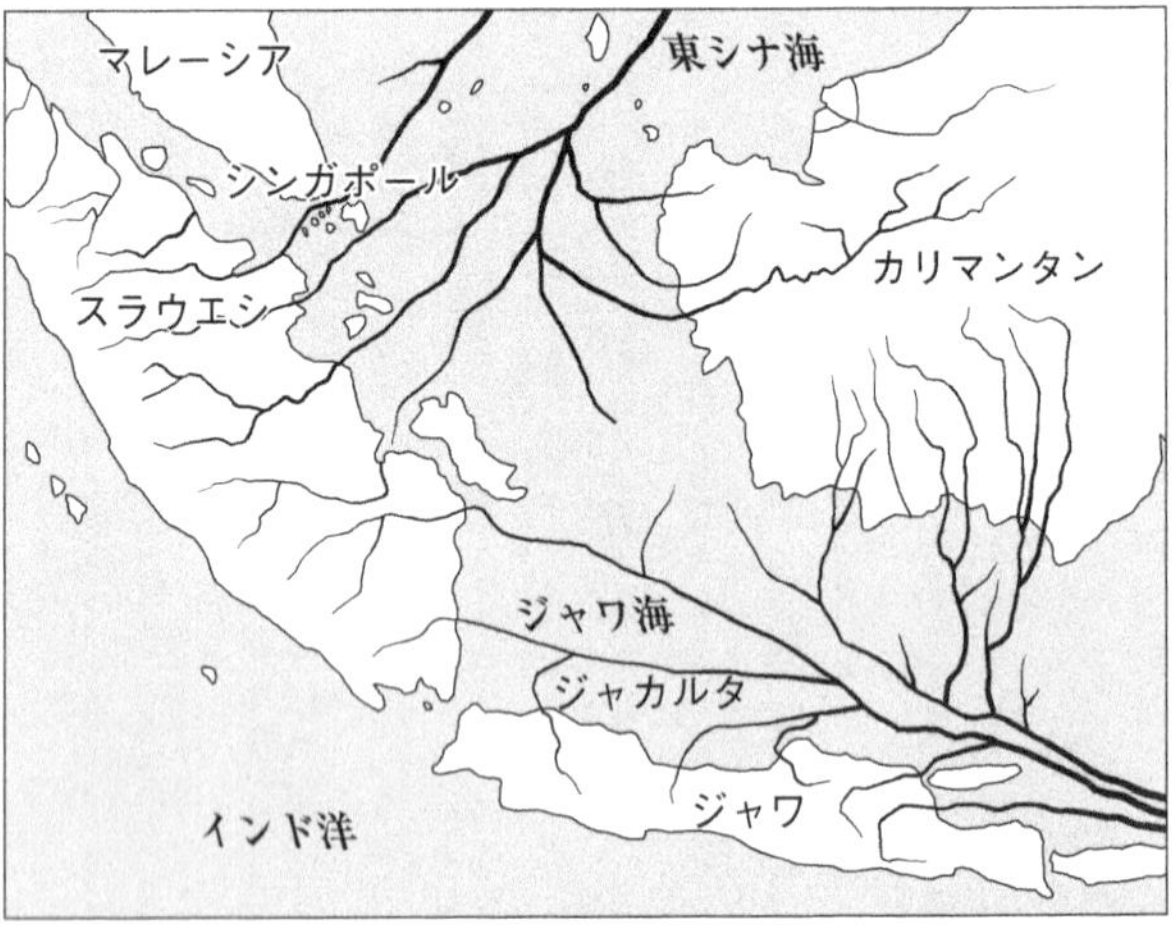

図1－33　インドネシアのスンダ地域海底を流れている海底谷

そのため、陸上で削剝されて海に流れ込む堆積物が少ないのです。火山活動が起こったときは火山灰や溶岩などは海に入りますが、その量もさほどのものではありません。そのために海底谷は埋積されることなく、その姿を見ることができるのです。

なお、海底谷はもちろん日本のほかにもたくさん見られます。たとえばインドネシアのスンダ地域では、海底に大きな流れが木の枝のように張りめぐらされています。これらも、氷河期の海面低下していた時期には陸上の川だったものです（図1－33）。

海底谷が運んだ大量の堆積物

海底谷が陸上から海底に運び込む堆積物の量はとてつもなく、南海トラフには2000m以上もの厚さの堆積物があります。相模湾の中央にも4000m以上も堆積物がたまっています。富士山より高く積もっているのです。しかし、世界の例を見れば驚くなかれ、インドの東にあるベンガル湾の堆積物は、なんと9000mに達するといわれています。エベレスト以上です。

このように大量の堆積物がたまると、その中に含まれている有機物が、酸素がない状態で変質を始めます。その結果、天然ガスや石油など、人類にとって有用な資源へと変わっていくのです。黄河や揚子江が流れ込む渤海や東シナ海、チグリス・ユーフラテス川が流れ込むペルシャ湾、アマゾン川が流れ込むブラジル沖、ミシシッピ川が流れ込むメキシコ湾などに石油資源が大量に埋蔵されているのはこのためです。大河の河口には、資源が眠っているのです。これは川の役割の中でも人類に最も貢献しているものといえるかもしれません。残念ながら日本列島周辺の堆積物から採掘できる資源はメタンハイドレートくらいですが、いまあげた大河とは川の規模が違いすぎますから、しかたありません。

しかし、川が地球というシステムにはたす役割は、もっと大きなものであると私は考えています。大量の堆積物は、川が地上の山々から削りとって海に運んできたものです。海底に堆積したそれらは、やがてプレートの運動によって海溝から地球の内部へと運ばれます。そしてまた火山活動によって地上に戻り、山をつくっていくのです。そういう意味では、川は地球の物質循環の大きなサイクルを推し進める役割をはたしているのです。

謎の13 地球の外を流れる川

太陽系唯一の「水の惑星」といわれる地球のほかにも、川をもつ天体があるという。本当だろうか？

宇宙において、水が自由に流れるかたち、液体で存在するのは、現在知られているかぎりでは地球だけです。水がないほかの天体に川があるとは思えませんが、最近の探査の結果によれば、太陽系にはほかにも、「川」もしくは「川らしきもの」をもつ天体があることがわかってきたようです。

火星にはかつて川があった

19世紀末、イタリアの天文学者ジョバンニ・スキャパレリは、火星に「キャナル」が存在すると発表しました。彼は自費で建設した天文台で火星を観察していて、その表面に異様な溝のよう

図1－34　バイキング1号が撮影した火星の地表　©NASA

なものがあることに気づいたのです。スキャパレリは「溝」「水路」という意味でそう言ったようですが、「キャナル」には人工的な運河という意味もあり、そのように解釈されたことから、世間は騒然となりました。火星に生命が存在するか否か、大議論が巻き起こり、火星人ブームが到来してさまざまなＳＦ小説が刊行されました。有名なものにはウェルズの『宇宙戦争』や、エドガー・ライス・バローズの『火星の古代帝国』など一連の火星シリーズがあります。しかし、やがてスキャパレリの「発見」は信憑《しんぴょう》性が疑われるようになり、次第に忘れ去られていきました。

　人類が初めて火星の表面を直接、観測したのは、それから80年近くがすぎた１９７６年のことでした。米国航空宇宙局（ＮＡＳＡ）が打ち上げた火星探査機「バイキング」が火星に着地して撮影した表面の写真（図1－34）を見たとき、当時大学院の学生だった私が感じたのは、火星は地球と同じような星であるということでした。その地表の様子が想像していた以上に、地球に似ていたからです。

図1－35　火星を走るマリネリス峡谷の巨大構造
ⒸNASA World Wind

火星に水が存在するか否かは、火星に生命が存在するかという疑問に直結する問いとして以前から議論され、現在も続いています。そして、続々と送り込まれた探査機の観測成果によって、火星にかつて水があったことは、ほとんど疑いの余地がないほどになっています。

火星には二つの大きな地質構造があります。一つはオリンポス山という巨大な火山です。その高さはなんと約2万5000m。地球最大の活火山、ハワイのマウナロアは水深約5000mの海底から海抜約4100m

の高さにそびえているので海底から見ると約9000mの山になるわけですが、オリンポス山はそれより2・5倍以上も大きいのです。

もう一つの大きな構造が、マリネリス峡谷です（図1－35）。火星のほぼ赤道上を東西に走るその総延長は約4000km、幅は最大で約200km、深さは約8km。途方もない大峡谷です。地球からも望遠鏡で見られますので、スキャパレリが見たのはこれだったのかもしれません。

運河ではありませんでしたが、このマリネリス峡谷が、火星における水の存在を示唆してくれました。この谷から堆積岩や、流水の痕跡が見つかったことから、かつて水が流れていたことは間違いないと考えられるようになったのです。つまり、火星にはかつて、水があり、川があったということです。

なお、現在も火星の地下には液体の水が存在しているとみている研究者もいます。これについては、今後の探査の進展を楽しみに待ちたいと思います。

「タイタンの川」はナイル川に似ていた

地球から12億km離れたタイタンは、土星最大の衛星です。2012年9月、NASAとESA（欧州宇宙機関）が打ち上げた土星探査機「カッシーニ」がレーダー観測でとらえたタイタンの画像（図1－36）は、衝撃的なものでした。そこには、タイタンの北極圏を400km以上にもわたって流れる川が、大きな海に流れ込んでいるところが克明にとらえられていました。

以前から、タイタンは地球以外で唯一、地表に安定的に液体（ただし水ではない）が存在する天体ではないかと目されていました。２００６年には土星探査機「ホイヘンス」が撮影した画像により、タイタンの地形が驚くほど地球とよく似ていることもわかっていました。そこに写っていた湖や川や島は、まるで地球のものと変わらないように見えたのです。

ご存じの方も多いと思いますが、タイタンの川を流れているのは水ではなく、メタンやエタンなどの炭化水素であると考えられています。地球では水の雨が降り、川となって海に流れ、蒸発してまた雨になりますが、タイタンではこれと同様に、メタンなどが循環していることがわかっているのです。これも「ホイヘンス」などによる観測の成果です。そして、こうした有機物が地表に存在することや、火山活動がみとめられることなどから、タイタンには生命が存在している

図1－36　カッシーニが撮影したタイタンの川
©NASA/JPL-Caltech/ASI

可能性が指摘されています。

2012年の「カッシーニ」の画像は、地球以外の天体に現存している河川を、初めて詳細に観測したものでした。そこに写っている川について、「カッシーニ」チームのメンバーは次のようにコメントしています。

「この川にはいくつかの短い支流があるが、おおむねまっすぐ流れている。このことから、この川は断層に沿って流れていると考えられる」

このような特徴は、地球における最長の川であるアフリカのナイル川を連想させるともいわれています。たしかに**謎の4**で見たように、ナイル川は断層に沿ってほぼ直線的に走っています。その断層とは、マグマによって大地が引き裂かれてできたリフト（裂け目）、東アフリカ地溝帯でした。すると、タイタンでもこのようなリフトができるほどの大規模な地殻変動が起きているのでしょうか。その点については「カッシーニ」チームは、こう話しています。

「タイタンの岩盤に見られるこうした裂け目は、地球のような地殻運動によるものとは違うが、盆地につながったり、巨大な海を形成したりすることがある」

では、タイタンではどのようなしくみで、これほど巨大な断層ができたのでしょうか。これも今後の探査によって明らかになっていくでしょう。

本書でここまで、さまざまな謎を解き明かしてきたような川についての知見が、宇宙の謎解きに役立つ時代が来ているのです。

南極の地下に川はあるのか

最後に、ほかの天体の話ではありませんが、川についての最先端のトピックを紹介しておきます。南極の氷河については**謎の11**で述べましたが、これは南極大陸の地下には川が流れているかもしれない、という話です。

南極大陸に氷がつきはじめたのは、いまから4300万年ほど前のことです。ちょうどインド亜大陸がユーラシア大陸に衝突したころで、その少し前に、太平洋プレートの運動の方向も変化しました。これより以前には、南極大陸に氷はなく、さまざまな生物が棲みついていたのです。したがって当時の生物の化石や、石炭が現在の南極から出ています。当時の南極は、オーストラリア、アフリカ、南米、マダガスカル、スリランカ、インドなどが一つに合体したゴンドワナという超大陸の一部だったのです。

氷がない大陸だった時代の南極では、地表に川が流れていたでしょう。川が運んだ水は凹みにたまって、湖もできていたと考えられます。実際にいま、南極の氷床の下にはボストーク湖、ウィランズ湖、エルスワース湖といった巨大な湖があることが知られています。2012年、ロシアの研究者たちが氷床を3800mも掘削してボストーク湖にたどりついたことは大きなニュー

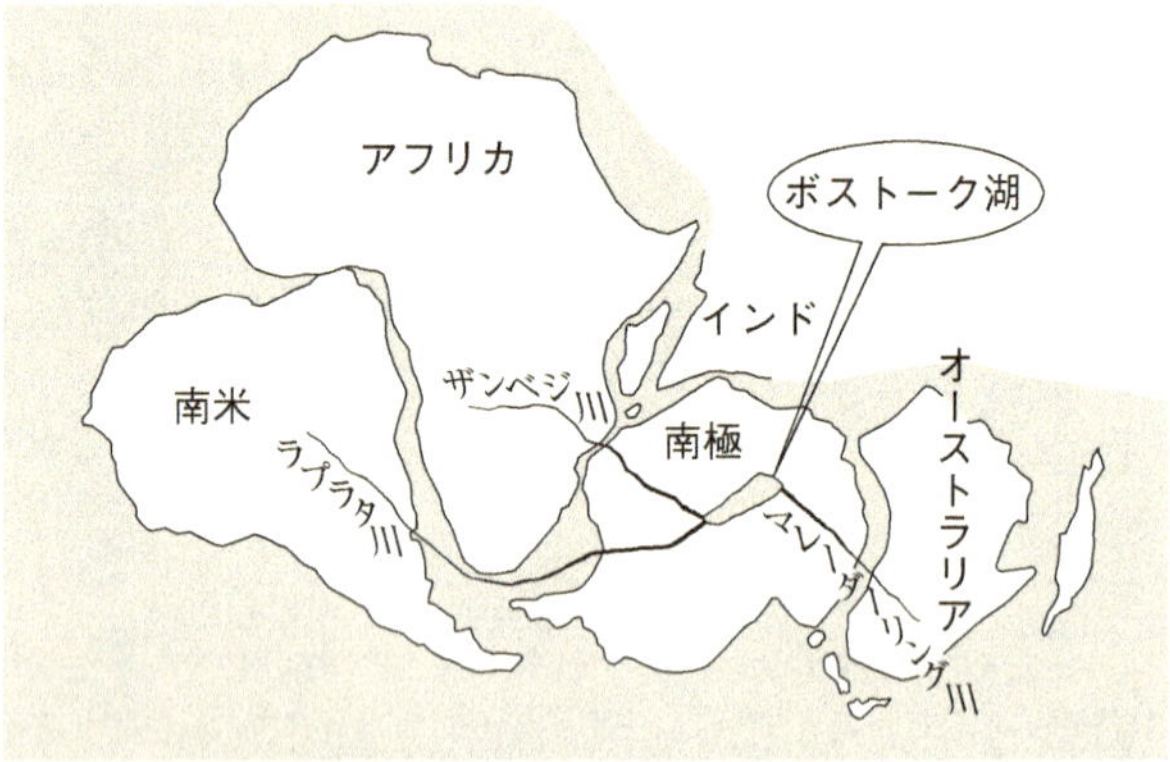

図1-37　ゴンドワナ大陸の一部だったときの南極大陸（仮想図）
アフリカや南米の大河がボストーク湖に流れ込んでいたかもしれない

スになりました。ボストーク湖の総面積は琵琶湖の20倍にもなります。

では、氷がなかった時代の川はどこへいったのでしょうか?

これはまだ仮説にすぎませんが、ゴンドワナから分かれた現在のアフリカ大陸と南米大陸をジグソーパズルのように南極にくっつけてみるとおそらく、かつて南極へと流れていた川の道筋が見えてくるはずです。それぞれの大陸の南極に近い部分、つまり南側を見ると、アフリカのザンベジ川、南米のラプラタ川などの大きな川があります。これらはかつて南極に流れていて、ボストーク湖などに流れ込んでいた可能性があります（図1-37）。そして、それらの川はいまも南極の氷の下を流れつづけているかもしれないのです。

南極大陸の地下は「ウォーターワールド」とも呼

ばれ、膨大な数の湖が４０００万年もの長きにわたって外界と接触せずに眠っています。そこにはどんな生命や、資源が隠されているか、いま世界中が注目しています。そして湖を調べるには、物質の循環という役割をはたす川の動向も明らかにしなくてはなりません。そのためにいま、精密な重力測定による地下の構造探査や、レーダーによる氷の探査などが進められ、少しずつ新たな知見が積み重ねられているのです。

ここまで私たちは、川をめぐるさまざまな謎を見てきました。それらの多くは、なんらかの形で答えを与えることができるものでした。しかし近年の探査技術の進歩による驚くべき成果は、川を媒介とする水の循環についての従来の考え方に、大きく変更を迫っています。

南極の氷床の下から大きな湖が見つかったことは、大きな驚きでした。この発見により、たとえば地球上の水の量もこれまでの見積もりよりはるかに多く存在することがわかり、水収支という観点からも大幅に考えを見直さなければならなくなりました。しかも、これらが地表に存在していたのは現在よりもはるかに古い時代です。水の問題はもはや、古い地質時代にまでさかのぼって言及しなければ、本当のことはわからなくなってきたといえるでしょう。

一方、ほかの天体に目を向ければ、調査のターゲットは水の川ではなく、メタンなど水以外のものが流れる川になっているようです。現状、地球以外で水は見つかっていないのですから、これは当然といえるでしょう。したがってこれからは、水以外の流体が流れることによって起こる浸食、運搬、堆積などの作用にも注意を払う必要が出てきました。

このように川をめぐってはいま、これまで思いもよらなかった新しい局面が展開しはじめているのです。

第2部 川を下ってみよう

順路1 川はどうしてできたのか

第1部では世界や日本のさまざまな川をとりあげて、川をめぐる謎について考えてきました。川についての本質的なことは、それらの謎解きの中にすべて網羅されていますが、いろいろなことをややランダムに語りましたので、第2部ではあらためて川の知識を整理しながら、川とはいったいなんだろうということを考えてみたいと思います。

川の解明は難しい

そもそも川とは、空から地上へ降ってきた雨水の「最初の一滴」が、最終地点である海へと至るまでの間を結ぶものです。川はその間を、地形の等高線（等ポテンシャル面）に直交する方向に流れ下ります。簡単にいえば、傾きが1度でもあれば、川は傾いている方向へと流れるのです。川は低きに流れる――これが川の最大の原則です。

流れがあるために、川は高低差のあるさまざまな流域を通り、そのプロセスでさまざまな形態をとります。そして、さまざまな地球科学現象の影響を受けます。火山活動、断層運動、造山運動、海面変動などです。こうした川の変遷を、すべての流域にわたって追いかけることはきわめて困難であり、それゆえに川の体系的な研究はあまり進んでいません。たとえば、第四紀と呼ばれるいまから約258万年前より古い時代の川について言及された研究は、ほとんど皆無に近いのです。

そこで本書では第1部で、理論よりまず、興味深い具体例を通して川のいろいろな側面を知っていただこうと思いました。この第2部もやはり、具体例をもとに話を進めていきます。今度はある一つの川の始点から終点までを見ていくことで、川が成長していくさまや、基本的な性質について理解していただこうと思います。

実際に源流から海まで、川を下ってみようという趣向です。

地球で最初の川

その前に、川というものが地球上にいつ、どのようにしてできたのか、少し想像をめぐらせておきたいと思います。

いまから40億年ほど前の、冥王代と呼ばれる時代のある日のことでした。それまで何年もの間、地球全体にすさまじい豪雨が降りつづき、大気中の水蒸気のすべてが地球上に落下し尽くして海ができあがったあと、じつに久しぶりに、空が晴れ上がったのです。それはまさに雲ひとつない青空であり、夜には満天の星が輝いていたことでしょう。

そのころ、地上にはまだ陸と呼べるものはありませんでした。地球がどろどろの火の玉だったころの名残であるコマチアイト（マグマオーシャンが固まった岩石）は、できたばかりの海に点在していましたが、まだ熱かったので水をためることはできませんでした。したがって、川もまだなく、あるのは小さくて短い流れだけでした。

海の底では、マグマが冷えて固まり、密度によって分化して核やマントルがつくられ、現在の地球内部の層状構造ができあがっていきます。地殻や上部マントルはプレートという岩盤を形成します。海水に冷やされて重くなったプレートと、その下から噴き上げてきた熱いマグマとの間には対流現象が起こり、重いプレートは地球の内部に沈み込みます。プレートテクトニクスの始まりです。

プレートが沈み込むとき、裂け目や穴から入り込んだ海水も一緒に地球の内部に運び込みます。すると海水によってマントルの温度が下がり、岩石の融点が下がって一部が溶け、新たなマグマができて地表に向かって上昇します。これによって溶岩が積み重なり、厚みを増して、やがて海の中から顔を出します。最初の陸です。

海から蒸発して、大気中で冷やされた水蒸気は、雨や雪となって最初の陸へ降り注ぎます。陸にもたらされた最初の水です。陸はかつてのコマチアイトとは違い、水を抱くのに十分に広く、適度に冷えていました。陸にたまった水は、より低く、安定した場所を求め、海へと流れようとします。水は低きに流れるからです。こうして、地球に最初の川が誕生したのです。

なぜ日本の川を見るのか

このようにして誕生した川は、40億年という時間を経て、いまでは地球のいたるところを流れています。その間に、陸や海や大気あるいは生命との相互作用によって川も共進化をとげ、現在のような姿になったのです。とはいえ場所や条件の違いによって、川のありようはあまりにも多種多様です。そこで、ある代表的な川をとりあげて、源流から海までをみなさんと一緒に下り、川の基本的なエッセンスを見ていくことにしましょう。

私がこの旅に選んだ川は、多摩川です。東京都を流れるこの川には、なじみ深い読者も多いでしょう。あるいは、がっかりしている方もいらっしゃるかもしれませんね。せっかく川下りをするならもっと派手な、大陸の大河のような川がよかった、と。

しかし、川の基本を見るならば、日本のような島国のふつうの川がいいのです。なぜなら地球に最初にできた陸は、日本列島のような島弧だからです。島弧とは火山活動によって海溝と大陸の間にできる弧状の島の列です。２０１３年には小笠原諸島の西之島の噴火により新島ができて話題になりましたが、あのようにしてできるのが島弧です。

地球上にはまず、たくさんの島弧ができきました。やがて、それらはプレートによって運ばれて互いに衝突・合体して、大陸ができていきました。大陸はまた、大陸どうしあるいは島弧との衝突合体を繰り返し、ついに19億年前ころに最初の超大陸「ヌーナ」が出現したと多くの人が考えています。その後、地球上には何度か超大陸ができていますが、いずれもやがて分裂し、ばらばらになって水平方向に移動して、地球の反対側に集積してまた別の超大陸をつくります。直近ではいまから約2億5000万年前にできた「パンゲア」が最後の超大陸で、現在はそれが分裂し、移動している時期にあたっています。

現在、大陸を流れる川は、このパンゲアがあったときにできた川の名残です。この超大陸にはおそらく、想像を絶するような超巨大河川が存在したことでしょう。しかしパンゲアが分裂すると、超大河は分断されてしまいます。それぞれの大陸を流れる大河は、超大河がばらばらになった断片ともいえます。それよりは、日本列島のような島弧に存在する川のほうが、こぢんまりとはしていますが、川の始点から終点までを見通すには都合がよいのです。

もっとも、多摩川を選んだのはその全長が138㎞と、宇宙の年齢（138億年）と同じであるところが私の好みだったからでもありますが。

「水系」と「流域」

　ここで少し、川における基本的な用語についてだけ、確認しておきましょう。

　多摩川水系、利根川水系などの「水系」という言葉を聞いたことがあるかと思います。これはどういう意味でしょうか。大きな川は、幹線となる川のほかに、いくつもの支流をもちます。このとき、本流になる川と支流とを総称するときに、本流の名前に水系をつけて呼ぶのです。「多摩川水系」といえば、多摩川と、秋川や浅川など、その支流をすべて含めた河川群を指します。「流域」とは、その川の水系がある地域すべてをいい、その面積全体を流域面積といいます。多摩川の流域面積は１２４０㎢です。

　水系の合計距離が世界で最も長いのはナイル川（６６９５㎞）、流域面積が世界で最も大きいのはアマゾン川（７０５万㎢）です。日本では水系が最長の川は信濃川（３６７㎞）、流域面積が最大の川は利根川（１万６８４０㎢）です。

　国土交通省は河川法によって、日本国内において国土の保全上、または経済上とくに重要とみなした水系を一級水系に指定し、一級水系に連なる河川を一級河川に指定しています。２０１４年度現在、全国で一級水系は１０９、一級河川は１万３９３５が指定されています。

　さらに２７２３の二級水系と７０８４の二級河川が指定され、その下に水系数２５２４、河川数1万4253の準用河川が指定されています。そのほか、河川法の指定を受けていない普通河川もあります。

ただし、河川法の指定には不思議なところがあります。たとえば信濃川水系は長野県から新潟県へと流れる一級水系ですが、「信濃川」と呼ばれているのは新潟県を流れる下流の部分だけで、長野県を流れる上流の部分は「千曲川《ちくま》」と呼ばれています。しかも、千曲川のほうが信濃川よりも長い（千曲川は214㎞、信濃川は153㎞）のですが、なぜか河川法では、信濃川が水系の本流とされ、一級河川に指定されました。したがって日本最長の川も千曲川ではなく信濃川となったのです。

このように場所によって名前が変わる場合が多いのも、「流れ」をもつ川という地形ならではのことでしょう。これからみていく多摩川も、名前が何度も変わります（多摩川の全体像は185ページの図2－25を参照）。

順路2 上流の風景

分水界が生みだす運命のドラマ

　では、これから私と一緒に、多摩川のはじまりから終わりまでを見てゆく旅に出かけましょう。幸い好天に恵まれ、10月のさわやかな秋晴れが広がっています。

　あらためて紹介しますと、多摩川は多摩川水系の本流であり、荒川と並んで東京を代表する一級河川です。流域には豊かな自然が多く残されていて、首都圏から手軽に行ける憩いの場としても親しまれています。山梨県、神奈川県、東京都を流れる全長138㎞は日本で20番目、流域面積1240㎢は日本で35番目の規模で、その下流は東京都と神奈川県の県境になっています。

　川が海に流れ込む地点を河口原点といって、川の長さを決める基準となっていますが、多摩川の河口原点は左右両岸に合計三つあり、右岸の二つは神奈川県の川崎市に、左岸は東京湾の羽田空港内にあります。源流から最も遠いこの左岸の河口原点までが、多摩川の長さになります。なお、川の右岸、左岸とは、川の進行方向を向いたとき（源流を背にしたとき）の右側の岸、左側の岸のことです。

では、多摩川の源流はどこにあるのでしょうか。最近はテレビでも川の源流を探る紀行番組がよく放映されていますが、川がどこから始まるのかを特定するのはときに相当難しく、たとえばアマゾン川やナイル川は、どこが本当の源流かいまだにわかっていないようです。しかし、多摩川の源流は明らかになっているので大丈夫です。それは奥秩父の埼玉県秩父市と山梨県甲州市の境にある、標高１９５３ｍの笠取山《かさとりやま》です（図２－１）。

青梅街道（国道４１１号線）を車でひた走り、奥多摩湖の小河内《おごうち》ダムを越え、温泉のある丹波山村を通り過ぎ、作場平《さくばだいら》というところに着いたら、笠取山の登り口があります。ここからは歩きです。東京都水道局が整備した「水源地ふれあいのみち・源流のみち」という登山道が山頂まで通っています。多摩川の源流を訪ねるだけなら、山頂をめざす必要はありません。川の源流は多くの場合、山頂から少し下ったところにあります。山頂に降った雨水が地下に浸み込んで、少し下ったところで地表に出てくるのが源流だからです。多摩川でも、それは同様です。

しかし私たちはあえて、源流よりも上をめざしたいと思います。最初の水が地上に落ちてくるところから、この旅をはじめたいからです。その場所を「分水界」といいます。

図2－1　多摩川の源流がある笠取山
傾斜はかなり急で、登るのには骨が折れる

分水界については第1部の**謎の5**でも紹介しました。そのときは、川を鉄道に見立てたときにポイントが切り替わるところ、と述べました。この説明は、川がすでに鉄道のように流れをもっていることを前提としています。しかし分水界とは、流れる方向を「切り替える」場所だけを指す言葉ではありません。地上に落ちた雨水がどこへ下るか、流れる方向を「決定する」場所のことも分水界というのです。いわば雨水の「運命」を決定する場所であり、川の話をするときは、むしろこの使い方のほうが一般的です。分水界が山にある場合は「分水嶺《ぶんすいれい》」とも呼ばれ、これは人の運命を分けるときの修辞としてもよく使われる言葉です。多摩川の場合は笠取山に分水界がありますので、分水嶺ということになります。

険しい山道を登っていくと、眼前にようやく山頂が現れました。ここまでかなりしんどい思いをしましたが、関東山地を四方に見渡せる眺めは絶景です。その西側の斜面に、小さな丘があります。その上には、大人の膝丈ほどの小さな石碑が建っていて、そこには「小さな分水嶺」と書かれています（図2-2）。文字どおり、ここが雨水の運命を決める分水嶺です。

なんとこの地点は秩父市、山梨市、甲州市の3市の境界が接しているところで、この石碑から秩父市側に落ちた雨水は荒川へ、山梨市側に落ちた雨水は笛吹川（富士川の支流）へ、そして甲州市側に落ちた雨水は多摩川へ、と分かれていくのです。

このようなドラマチックな分水界が、日本にはたくさんあります。市境ではなく「国境」が交わっているところにもあります。笠取山からも近いところにある甲武信ヶ岳という山は、かつての甲斐国（山梨県）、武蔵国（埼玉県）、信濃国（長野県）の国境が一点で交わったところにあります。「甲武信《こぶし》」という名は、それぞれの国の最初の一字をとったものです。分水嶺はその山頂にあり、雨水はそこから北西方向に流れると信濃川の上流である千曲《ちくま》川となり、南西に流れると笛吹川に、東に流れると荒川と、大きく三方向に分かれるのです。

なお、日本にはこのように三県（かつて三国）が一点で交わっているところにある山が40ほどもあります。三国岳とか三国山、三国峠などの名前がついている山が多く、甲武信ヶ岳のようにそれぞれの国名を冠した例は珍しいかもしれません。国境の交わるところにある山が多いのは、山の尾根が国境になることが多いからです。こうした場所にある分水嶺は、水を分けるだけではなく、尾根の両側で地質や気候を分け、それによって植生を分け、ひいては動物の分布をも分けることがあるようです。

図2-2　小さな分水嶺
三角錘の三つの面のどこに落ちるかで、雨水のその後の“運命”が三つの方向に分かれる

大ざっぱにいえば、日本列島はその中心線を走る山脈が中央分水界と呼ばれていて、川はそこを境に日本海側に注ぐものと太平洋側に注ぐものとに分かれる傾向にあります。なかでも東北地方は日本海側と太平洋側の間の幅が狭いので、分水嶺によって正反対に分かれることが多いのです。私が実際に見て驚いたのが、山形県最上郡にある堺田分水嶺（図2-3）です。

JR陸羽《りくう》東《とう》線の堺田駅という無人駅を降りて、江戸時代に松尾芭蕉が

図2－3　堺田分水嶺
この小さな分かれ目で、川は太平洋側と日本海側とに分けられる

逗留《とうりゅう》したといわれる「封人」の家を訪ねたのです。封人とは国境の警備にあたった役人のことで、その家は庄屋になっていました。芭蕉はここに滞在して「蚤虱《のみしらみ》　馬の尿《ばり》する　枕もと」という句を詠んでいます。さて、封人の家を見てから道路を渡って畑の間の道を少し歩くと、堺田分水嶺がありました。「分水嶺」とはいうものの、山の上ではなくふつうの平坦な場所にあります。これは、日本でも珍しい例です。しかも、それはただ、小さな川の流れが左右に分かれているだけの、何の変哲もないものでした。ところがなんと、その一方の流れはやがて最上川となって日本海へ注ぎ、もう一方の流れは旧北上川となって太平洋に注いでいるのです。この小さな川の分かれ目が、それほど極端に運命を分けるということが信じられませんでした。

いま、あらためて笠取山の「小さな分水嶺」に立ってみて、私の頭に湧いてくる疑問があります。この山ができる前は、川の流れはいったいどのようなものだったのでしょう。笠取山は地下深いところで固まったマグマが徐々に隆起して、地表に顔を出してできたものです。それは地質年代の感覚では、最近のことです。この山がなかったころは、ここに降った雨水はどのように分かれ、どのように川が流れていたのでしょうか？これは川における最大の、そしておそらく永遠に解けない難問といえるでしょう。

源流は「点」ではなく「面」である

次はいよいよ、多摩川の源流を訪ねることにしましょう。「小さな分水嶺」から少し、山を西に下ってから東へ戻り、笠取山の南側の斜面へ向かいます。急斜面で足場も悪いので注意が必要です。やがて、大きな崩壊によってできたと思われる窪みが現れます。ここは「水干《みずひ》」と呼ばれている場所です。

近くには祠《ほこら》があります。ごく小さな祠であるにもかかわらず「水干神社」とも呼ばれていることや、日本酒の二合瓶が置かれていることから、この場所が特別な敬意を払われているのがわかります。祠の下には、小さな水たまりがあります。そこに水が、一滴、また一滴としたたり落ちています。どこから落ちてくるのかとたどってみると、その真上の岩の割れ目から浸みだして、草の葉を伝って落ちてきた水であることがわかりました。これこそが、多摩川の最初の水なので

図2－4　水干からの最初の一滴
岩の割れ目からの写真では見えないほど小さな滴が、多摩川のはじまり

す（図2－4）。

　水干とは、水が涸《か》れるところ、川の終点という意味でしょう（実際には始点ですが）。水干から発したばかりの水は、まだそのあとを追いかけるのも難しいほど微《かす》かに流れるだけですが、たどっていくと、やがて小さいけれども確かにそれとわかる、ちょろちょろとした細い流れになります。その幅はまだ、子どもでも両足でまたげるくらいです。まさに川の赤ちゃんです。

　笠取山は四つのピーク（頂上）をもつ山ですが、いずれも黒雲母をたくさん含むホルンフェルスという硬い変成岩でできています。この岩はもともと砂岩のような堆積岩だったので、地層と地層の間には水が通れる隙間があります。地下に浸透した雨水は、そこを流れて水干から地表へ出てきたのです。川には、ある一点からぽつんと滴《しずく》が出てきて始まるというイメージがありますが、じつは地層という面を通って、ある程度まとまった量の水が地表に出てくるのです。そう考えると、川の源流とは「点」ではなく「面」であるように思えます。遠くに目をやれば、早くも雪を抱いた富士山が望めます。多摩川はここから東京湾の河口まで、えんえん１３８㎞もの旅をするのです。

「水干沢」から「丹波川」まで

では、水干で産声をあげた多摩川の赤ちゃんの、その後の成長ぶりを追いかけてみましょう。細い流れは、斜面を下ります。まだ川ではなく沢とみなされ、「水干《みずひ》沢《ざわ》」という名前がつけられています。山の上方なので斜面の傾斜は急です。だから沢も勢いよく流れます。やがて、同じ斜面を流れる小さな沢の仲間が次々と合流してきます。流れの幅は次第に太くなってきます。斜面の傾斜が少しゆるやかになったころ、その幅は１ｍ以上になっています（図２－５）。人が渡るために、木の橋が架けられるようになります。登山口のある作場平口にまでたどり着くと、幅は２ｍを超え、水の流れる音も「ちょろちょろ」から「ざーっ」というものに変わりました。ここで赤ちゃん川は一人前の川となったものとみなされて「一之瀬川」という名前がつけられます。前述のように川は部分的に別の名前で呼ばれることが多いのですが、多摩川の場合は成長すると名前が変わる出世魚に似ているかもしれません。

図2－5　山を流れ下りる水干沢
小さな沢は合流を繰り返して、川へと成長していく

　こうして沢は川となり、一之瀬川から多摩川の上流が始まります。一之瀬川にはやがて、山梨県の大菩薩峠から流れてくる柳沢川や泉水谷《いずみだに》が合流してきます。ここでさらに大きくなった川は「丹波川《たばがわ》」と呼ばれるようになります。「たばがわ」と「たまがわ」は、語呂がよく似ています。

　合流点の近くには、銚子滝という滝が落ちてくる深い淵があります。「おいらん淵」と呼ばれています。ここには戦国時代、甲州武田家が織田信長に滅ぼされそうになったとき、隠し金山である黒川鉱山の存在を秘匿するため、鉱山労働者の相手をした花魁《おいらん》55人を落として殺害したという言い伝えがあります。その真偽のほどは定かではないようですが、そうした話が生まれるくらい、川の水深は急流の下刻作用によって深くなっているのです。

　さらに少し下ると、牛金淵《うしがねふち》の峡谷という難所があります。川幅はきわめて狭くなり、両足でまたげるところもあるほどですが、水深は深く、流れは滝のように急で轟々と音を立てています。

標高700mほどの丹波山村まで下ってくると、水の流速はやや遅くなって一息つきます。急流を下ってくる間に合流を続けて成長した丹波川の川幅は、もう50mほどにもなっています。

「上流」「中流」「下流」の区別とは

ところで、川は通常、「上流」「中流」「下流」に分けられています。その区別は基本的には河床の傾斜の違いから、上流は傾斜が急で、中流ではやや緩くなり、下流はほとんど傾斜がない平野を流れる、とされています。理想的には源流から河口までの間に地形の傾斜が変わる変換点が2ヵ所あれば、そこで上流、中流、下流に分けることができます。

しかし、実際にはそのような明確な区別は存在しない場合が多いのです。下流は平野になるのでまだしもわかりやすいのですが、上流と中流の区別は必ずしも明瞭ではありません。川が山間から盆地へ出てくるところで便宜上、上流と中流を分けていることも多いのです。たとえば黒部川などの北陸の河川は、上流の急勾配から傾斜が変わると、一気に河口まで下ってしまいます。中流というものがないのです。相模川も上流から平野に出ると、あとはだらだらと河口まで傾斜の変換点はありません。

ほかには、水質や生態系の違いに注目するなど、さまざまな区別のしかたも考えられていますが、実際には行政が河川管理の都合で区分している場合も多いようです。

川の流速は上流ほど速く、下流へと下るほど遅くなります。流速には河床の傾斜、川幅の広さ、流量、水深などが関係していて、傾斜は急なほど、川幅は狭いほど、流量は大きいほど、流速は速くなります。また、流速と水深の関係については、「フルード数」と呼ばれる次の式があります。

$$Fr = v/\sqrt{gh}$$ （vは流速、hは水深、gは重力加速度）

Frの値が1より大きいものは速い流れで、1より小さいものは遅い流れです。この式を見ると、水深は小さいほうが流速が速くなることがわかります。

上流では河床の傾斜の大きさが効いてくるために、流速が速くなるのです。したがって上流では、大きな岩も動かされて、川の中に転がっています。谷は強い下刻作用によって深く削られます。全体に動的な印象を与えるのが、上流の風景の特徴です。

二つのダム

笠取山を下った丹波川は、このあと奥多摩湖に入ります。奥多摩湖とは、正式名称を「小河内貯水池」という人工の湖です（図2－6）。丹波川はここで、小河内ダムによっていったん堰き

図2－6　満々と水を湛える奥多摩湖
小さな一滴が集まり、このような湖に。ここからはいよいよ「多摩川」となる

止められます。第１部の**謎の6**では、自然と人間の「合作」として天井川を紹介しましたが、完全な人工物が登場するのは本書では初めてです。

奥多摩湖は１９５７年に、当時の世界最大級の貯水池として完成しました。１９２６年には建設が計画されていたのですが、小河内ダムに水没することになった旧小河内村の住民の猛反対などがあり、完成までにじつに30年以上もかかりました。以後は長く東京都の水源としての役割を果たし、現在はその地位を利根川水系に譲ったものの、いまも東京都民が使う水の20％を提供しているほか、渇水時の「水がめ」としても重要な機能を担っています。小河内ダムの総貯水量は約１億９０００万㎥にものぼり、貯《たくわ》えられた水はダム直下の多摩川第一発電所で水力発電に利用されたあと、水源として取水されています。

奥多摩湖を見ながら、あの水干で生まれた小さな流れがここまでになったのかと思うと、感慨深いものがあります。そして、際限のない水というものに、恐ろしさもおぼえるのです。

さて、小河内ダムの湖水口を出て再び自然の流れに戻ったところで、丹波川はもう一度、名前を変えます。いよいよ「多摩川」を名乗ることになるのです。

多摩川は小河内ダムから少し下ったところで、もう一度、ダムに堰き止められます。白丸ダム（正式名称は白丸調整池ダム）です。これは1963年につくられた発電用のダムで、多摩川第三発電所と白丸発電所に送水し、東京都の電力源となっています。人工貯水池として白丸湖を擁し、総貯水量は約89万㎥。水の色がみごとなエメラルドグリーンをしていることから、観光スポットにもなっています。

白丸ダムの一大特徴は、日本最大級の魚道があることです。魚道とは、川を遡る魚の通り道を遮断してしまったダムに設けられた、人工の魚の通行路です。たとえば天竜川にはたくさんのダムがありますが、泰阜《やすおか》ダムには魚道がないため、ウナギが太平洋から諏訪湖に還れなくなったといいます。ダムに魚道をつくることは、生態系保全の見地から非常に重要なのです。

2001年につくられた白丸ダムの魚道は、全長が330m、高低差は27mという大規模なものです（図2-7）。しかも、この魚道には非常に変わった点があります。通常の魚道は、魚が上流に遡れるように川の流れてくる方向に斜面がつくられていますが、この魚道の斜面は下流を向いているのです。ダムを越えるのをあきらめた魚が下流に戻りはじめたところに入り口があり、いったん下流の方向へ魚を導き、ある場所から斜面がUターンしてダムのある上流へといざなっているのです。27mもの落差を一度に乗り越えることができない魚が少しずつ斜面を遡れるように工夫したものですが、それにしても330mも続く階段状の道を見ると、大変そうです。このようなところを魚が上れるのかと思ってしまいますが、ウグイ、ヤマメ、イワナなどが遡っているのが確認されているといいます。

図2-7　白丸ダムの魚道
魚は長い石段のような魚道を下から上に遡らねばならない

しかし、人間がどんなに巨大なダムをつくって川を堰き止めてみても、やがては使いものにならなくなります。上流から運ばれてくる大量の土石によって埋め尽くされてしまうからです。ダムとは期間限定の人工物なのです。このことは、湖でも同じです。上流の河床が花崗岩のような浸食されやすい岩石でできていれば、その寿命はさらに短いでしょう。ダムも湖も、あくまで一時的な水の貯蔵庫にすぎないのです。川が運ぶ堆積物については、またあとで述べます。

ダムの話が出たついでに補足すると、第1部の天井川（**謎の6**）のところで説明した天然のダム（自然堤防）は、防災の観点からは要注意です。これが一気に決壊すると、下流に大洪水を起こすからです。

２０１３年10月16日、伊豆大島では台風26号によって大規模な土石流が発生し、死者・行方不明者が39名にのぼるという甚大な被害をもたらしました。島で洪水が起こるのは珍しい現象なのですが、このときは大島の火山灰、とくに１９８６年の三原山の噴火でたまった火山灰が天然のダムをつくっていたのが、大量の雨によって決壊して、一気に流れ下ったために起こったと考えられます。一種の山津波です。こうした決壊は、湖でも起こります。地質時代には、氷河が融けた水がたまって湖が決壊した例もあります。

滝はどうしてできるのか

白丸ダムを出た多摩川はその後、巨岩や奇岩がごろごろしていて観光名所となっている鳩ノ巣渓谷を流れます（図２－８）。渓谷の両側に切り立った地層が露出しているのは、この谷が急流によって深く下刻されたからです。いずれも、川の上流でしかみられない景観です。

もう一つ、上流の景観として特徴的なのが、滝です。日本は「滝王国」といってても過言ではないほど、たくさんの滝があります。滝はそのでき方によって、おもに次の四つに分けられます。

①浸食作用によるもの

地殻変動や海面変動が起こると、川の浸食が進むことがあります（第1部の**謎の2**、**謎の7**でも述べました）。このとき、同じ川の下流部の河床が著しく削られると、上流部との間に段差ができ、これがだんだん大きくなると滝になります。

②河床の岩石の硬さの違いによるもの

同じ強さで浸食されても硬い岩石はなかなか削られず、軟らかい岩石は浸食が進むので、そこに段差ができ、それが大きくなると滝になります。

③もともと河床に段差があったもの

断層による地層の食い違いや、溶岩によって川が堰き止められるなどして、もともと存在していた河床の段差が大きくなって、滝になったものもあります。

④節理によって段差ができたもの

岩に規則的にできた割れ目のことを節理《せつり》といいます（割れ目の両側がずれたものが断層です）。節理ができると、段差ができます。河床が花崗岩や砂岩でできている川は節理ができやすく、滝

図2-8　巨岩が転がる鳩ノ巣渓谷
急流に削られて崖が崩落し、大きな岩が散乱している

になりやすいのです。

　おもに①と②は浸食による段差、③と④は地層の食い違いなどによる段差からできる滝です。いずれにしても、河床になんらかの理由で段差が生じれば、そこから滝ができるのです。

　環境省は日本には落差5ｍ以上の滝が2488あるとしているようですが、5ｍも落差がなくとも滝と呼べるものはありますから、日本にいったい滝がいくつあるのかは、把握しきれません。

　日本にはなぜ滝が多いのでしょうか？　山国である日本の川は急流が多く、長さも短いので、浸食の作用が顕著に進行します。また、火山活動が活発なために節理や断層などができやすい特徴もあります。つまり、滝の成因となる段差が非常に生じやすいのです。

明治維新直後、日本政府に河川改修工事を依頼されて来日したオランダ人技師ヨハニス・デ・レーケは、世界でも特異な勾配がきつく流れが速い日本の川を見て「これは川ではない、滝だ」と言って驚いたといわれています。厳密にはこれは「日本の川が急流なのは大きな滝がないからだ」とデ・レーケが言ったのを通訳が誤訳したともいわれていますが、実際に奥多摩を歩いてみると、浸食と断層だらけの日本の川は「滝である」という言葉が実感されてきます。

滝の落差が大きければ、その落下点では岩が削剝されて、滝壺《たきつぼ》が形成されます。また、流れの強いところでは水が渦を巻いて、一緒に流れてきた石が周辺の岩石を削って面白い穴ぼこをつくります。これがポットホール（甌穴《おうけつ》）です。

日本の滝は「三大瀑布《ばくふ》」（滝のことを瀑布ともいいます）が選ばれています。滝の規模ではなく景観という観点から那智の滝（和歌山県）と華厳《けごん》の滝（栃木県）が入選し、三番目には意見は分かれますが、袋田の滝（茨城県）があげられています。「世界の三大瀑布」はナイアガラの滝（アメリカとカナダ）、イグアス滝（アルゼンチンとブラジル）、ヴィクトリア滝（ジンバブエとザンビア）です。このうちナイアガラの滝（図2－9）は、もともとは現在より11㎞も下流にありました。ところが、浸食によって河床が少しずつ削られ、1950年代までは年間1mずつ上流へ移動していたのです。このままでは上流にあるエリー湖に埋没してしまうため、1960年代から工事が行われ、浸食の速度は年間3㎝に抑えられています。しかし、それでも2万500

図2－9　上空から見たナイアガラの滝
崖線が少しずつ後退し、２万5000年後に消滅するともいわれる

0年後には消滅するといわれています。このように滝は時間とともに変化していき、場合によっては消滅してしまうこともあるのです。

多摩川の周辺にも、海沢大滝、百尋《ひゃくひろ》の滝などの名滝があるのですが、残念ながら多摩川本流からはやや外れたところにありますので、今回は見学をあきらめて、青梅市まで下ります。そろそろ上流は終わりです。

さすがにお腹もすいたので、休憩にしましょう。青梅市役所の7階の食堂でお昼をいただきます。ここはカツカレーやアジフライなどが公共施設とは思えないほどおいしく、しかも大きな窓からは関東平野を取り巻く広大な関東山地が丘陵へ、平野へとなだらかに変わっていくさまがパノラマのように見渡すことができます。関東山地の笠取山から流れてきた多摩川も、関東平野へと下ります（図２－10）。

図2－10　青梅市役所から見た多摩川
平野に入り、流れが緩やかな「中流の川」となっている

中流のはじまりです。

日本の川は本当に急流なのか

ここで一つ、日本の川について私が思っていることを述べたいと思います。世界の川に比べて日本の川が、一般にいわれているほど急流なのか、つまり勾配が急なのかということです。

勾配を決めるのは、いうまでもなく長さと高さです。まず長さを見れば、幅が狭くて細長い日本列島では、日本海側の海岸から太平洋側の海岸までの幅はせいぜい３００㎞です。日本の川が基本的に列島の真ん中から両側の海に流れるとすれば、川の長さは直線でいえばせいぜい、その半分の１５０㎞ということになります。信濃川の長さが３６７㎞というのは、本州の幅をほとんど目いっぱいとっているわけで、それを超える川は日本では物理的に存在しえ

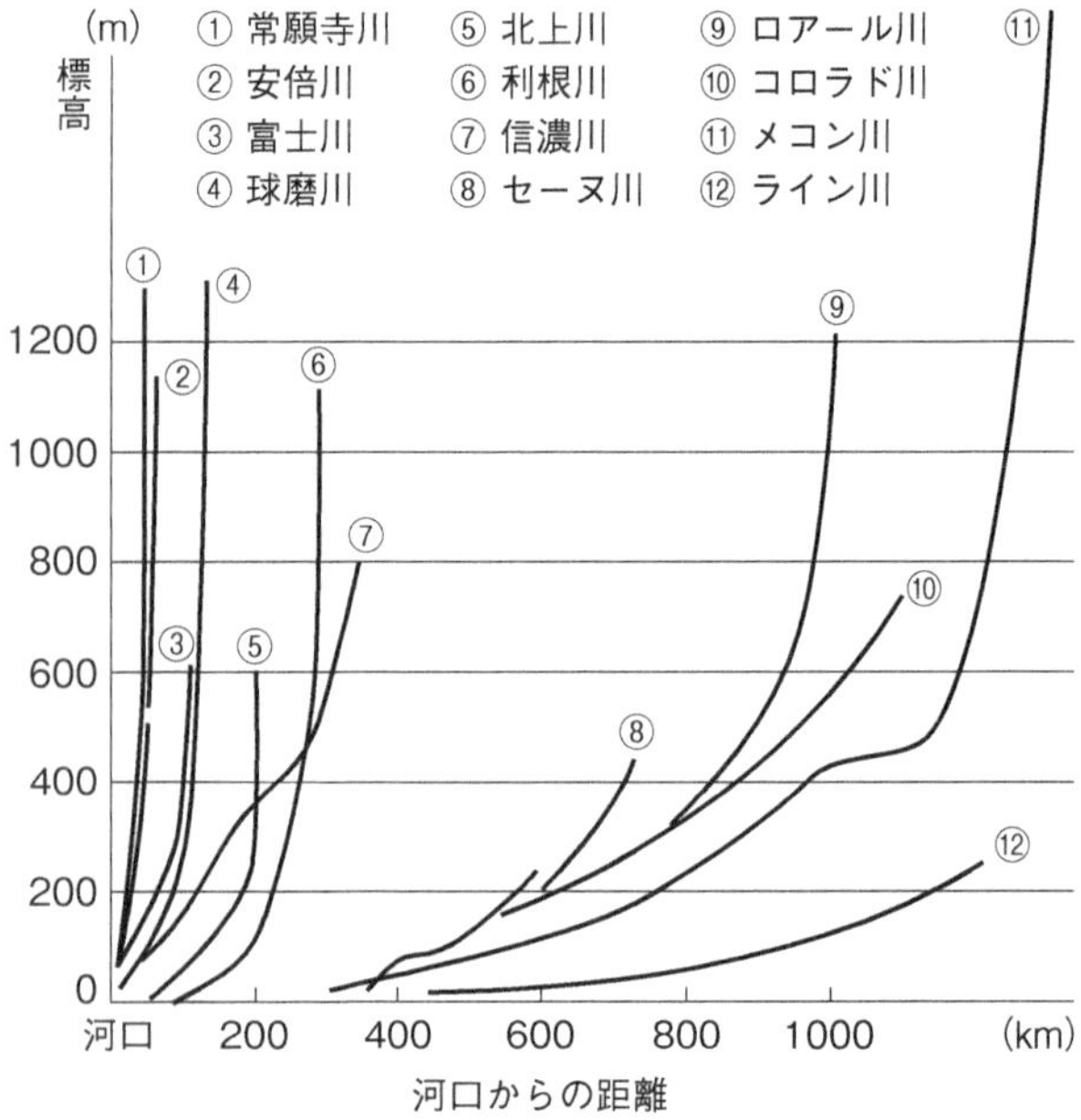

図2-11　さまざまな川の縦断面図
標高を考慮して比較すれば、海外にも急流の川は多い（たとえばメコン川は標高6000m以上）

ないのです。日本と同様の弧状列島の国、たとえばインドネシアやニュージーランドなどにも、長い川は存在しません。

では、高さのほうはどうでしょうか。川を傾斜方向に切った断面図を「縦断面図」といって（図2-11）、これが川の傾斜を示していますが、ご覧のように日本の川の高さはせいぜい1000mクラスです。そして、ここが問題なのですが、世界の川と比較する場合、縦軸を1000mの高さで切って、河口からその高さに達するまでの川の長さ（横軸）だけで比較されるのが一般的なのです。

しかし、これでは川の勾配を正しく比較していることにはならないと私は考えます。世界の名だたる大河は、その上流においては日本の河川よりはるかに急になる場合があります。たとえばアンデス山脈やヒマラヤ山脈などを流れる川は、その源流は６０００m以上の高さにあります。そうした視点をもたずに、全長が短い日本の川と同じスケールで勾配を比較するのは、世界の川を部分的にしか見ていないことになり、「日本の川は急流である」というイメージを過大に増幅させてしまうことになると思うのです。

多摩川と黄河・揚子江の共通点

以上が多摩川の上流から見たおもな川の論点ですが、最後に大事なことをつけくわえておきたいと思います。

上流では、両岸の岩肌がよく露出しています。そこを観察すると、黒っぽいやや白っぽい砂岩が入った礫でできていることが見てとれます。これは「メランジェ」といって、かつて海溝にたまっていた砂や礫の混ぜものです。このことは、多摩川流域はかつて海底にたまっていた堆積物が、海から移動してきたプレートによって陸側に押し上げられてできたものであることを

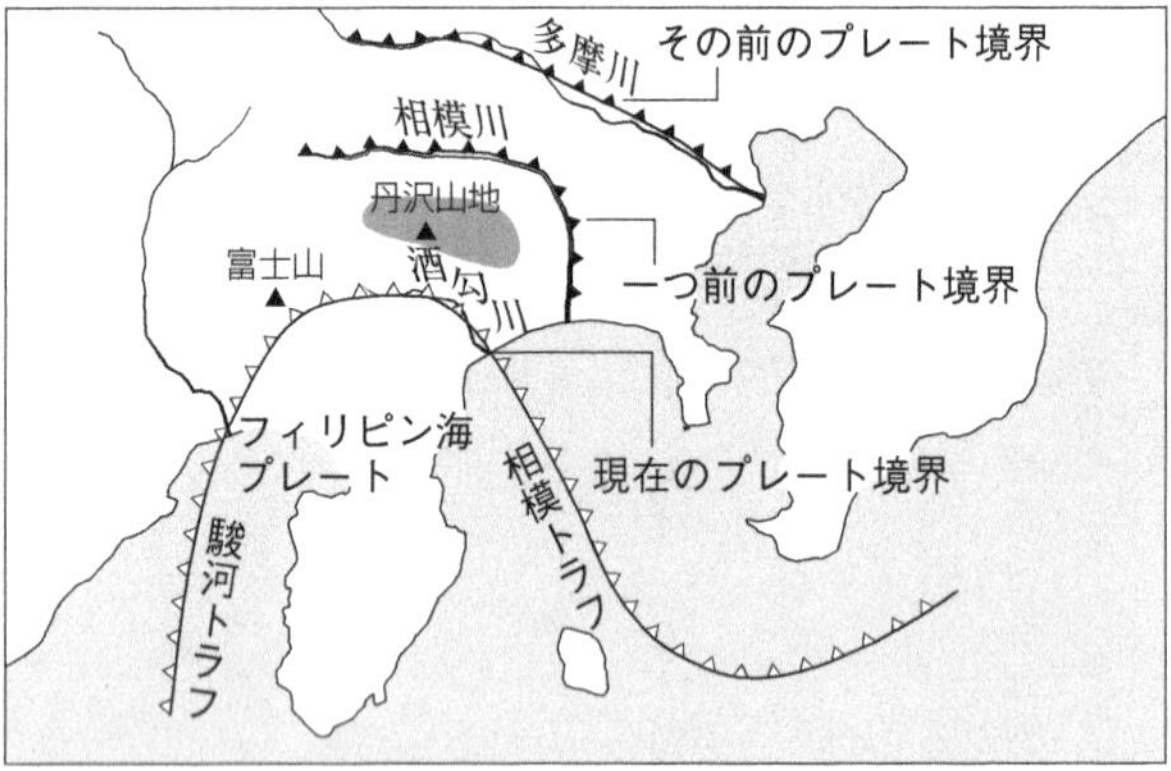

図2-12　プレート境界を流れる3本の川
現在のプレート境界を酒匂川が流れ、その一つ前の境界を相模川が、さらにその前の境界を多摩川が流れている

示しています。このようにしてできた陸地を「付加体」といいます。多摩川流域は、北上してきた太平洋プレートが当時の日本列島の下に沈み込むときに押し上げられた付加体です。そして多摩川は、当時のプレートと日本列島の境界上を流れているのです。

しかし、付加体ができるとプレートはそれ以上進めないので、その手前で沈み込むことになり、そこにまた付加体をつくります。多摩川の南側はそうしてできた付加体で、このときのプレート境界を流れているのが相模川です。さらにその南には、次の付加体ができています。これが最も新しい付加体で、そこでは酒匂川が、フィリピン海プレートと日本列島の境界を流れているのです。酒匂川の下には相模トラフや駿河トラフなどがあり、フィリピン海プレートが沈み込んでいます。

つまり多摩川、相模川、酒匂川という三つの川は、北から古い順に、プレート境界の変遷を示しているのです（図2－12）。プレートがつくった付加体は、古いほうから順に、秩父帯（古生代から中生代の地層）、四万十帯（中生代の地層）、瀬戸川帯（新生代の地層）と呼ばれています。

現在、地球上にあるプレートは10枚ほどにすぎません。それらの境界が陸上で川になっているというケースは稀であり、地球史をさかのぼっても、第1部で紹介した地塊の境界を流れる黄河や揚子江、超大陸分裂前の東アフリカ地溝帯を流れるナイル川やヨルダン川など、それほど多くはありません。しかし、日本列島は北米プレート、太平洋プレート、ユーラシアプレート、フィリピン海プレートと4枚のプレートがひしめく、地球全体でもきわめて異例な地質的特徴をもっているために、そのような川がいくつもあるのです。

平凡な川のように思われがちな多摩川の、あまり知られていない一面だと思います。

順路3 中流の風景

「扇状地」「中州」はどうしてできるのか

上流と中流の区別は、多摩川の場合もはっきりと決められてはいません。従来の資料や文献などでは羽村取水堰（羽村市）から先を中流としていることが多いようですが、地形的にはむしろ、その前に平野部に入る青梅からを中流としたほうがよさそうに思います。

羽村取水堰で区別するのは、江戸時代に開通した玉川上水が、この堰で多摩川から水を取っているからでしょう。玉川上水は１６５３年、多摩川の水を飲料水として江戸に供給するために開削されました。最初は日野に堰をつくっていましたが、流路となった関東ローム層の浸透力が高く水が吸い取られてしまったため（「水喰土《みずくらいつち》」と呼ばれました）福生《ふっさ》に変更になり、しかしそこでも岩盤が固く掘り進めなかったため再度変更されて羽村になったといいます。最初の変更のときは工事責任者の役人が死刑になったともいわれていますが、どうなのでしょうか。堰には工事で活躍した玉川兄弟の銅像が建っています。青梅で関東山地に別れを告げた多摩川は、この堰で取水されて水量を減らし、関東平野に流れます。

関東山地が関東平野に変わるところでは、河床の傾斜が大きく変化して、緩やかになります。鮮新世（約533万年前から258万年前）のころには、この傾斜の変換線近くにまで海があり、山地で削られた土砂はいきなり海に入って礫や砂泥を供給し、平坦な陸をつくっていました。昭島市では約160万年前の砂岩層からクジラの化石が出土して、「アキシマクジラ」と命名されています。

傾斜が緩やかな中流となった多摩川は、上流では見られなかった特徴的な地形をつくります。その一つが「扇状地」です。

川が山から運んできた土砂などは、川の流速が遅くなるともはや運ぶことができなくなり、平野の入り口に置いてきぼりとなってどんどんたまり、オーバーフローを起こします。そのために川の水が押し出され、周囲にあふれると、土砂も一緒に放射状になって平野にたまり、山地の側を要《かなめ》とする扇子のような地形となります。これが扇状地です。土砂が次々に運ばれるにしたがい、扇状地は先へ先へと形成されていきます。多摩川では青梅が平野の入り口なので、ここを扇の要として扇状地が広がっています（図2－13）。これが武蔵野台地です。

東北の山間にある盆地の多くも、このような扇状地が発達してできたものです。甲府盆地（山

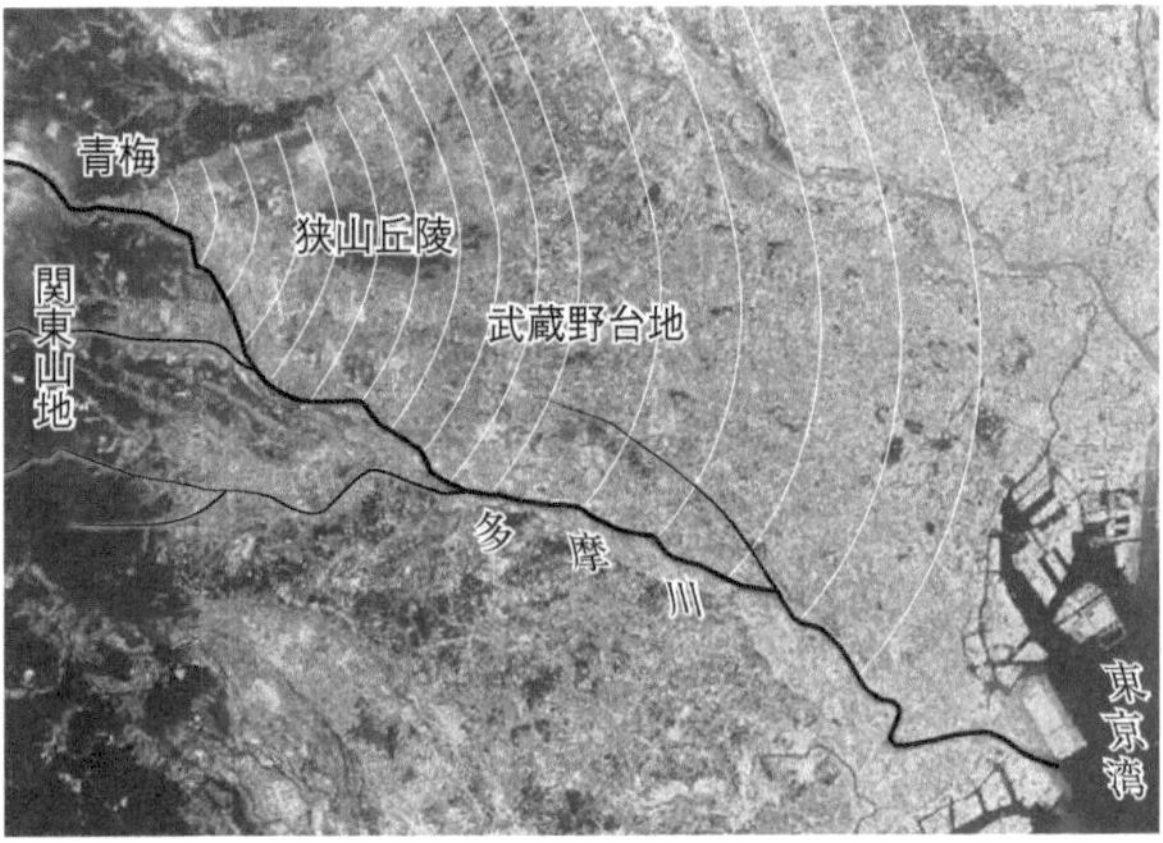

図2－13　多摩川がつくる扇状地
平野部に出る青梅を扇の要として広がり、武蔵野台地を形成している

梨県）は笛吹川の上流から集まるたくさんの川がつくった扇状地が複合したもので、その地形はブドウの栽培に適しています。また、海に近いところにある川では、海に直接流れ込んだ土砂が扇状地となって海を埋め立て、陸を形成することもあります。のちに述べる三角州はこうしてできたものです。

なお、扇状地にたまった土砂は水が浸透しやすいので、川の水の多くが地下に入り込み、伏流水となります。そして扇状地の先端のほうで湧水となって出てきて、また川として流れます。このあたりに集落が発達します。

中流から見られるようになる地形で扇状地とよく似たものが「中州《なかす》」です。これも川の流れが遅くなったために土砂がたまったものですが、扇状地は川が広い場所に出たところにたま

図2－14　中之島（大阪市）の中州
大阪市役所が建てられるなど、都市の重要な機能を担う場となっている

るのに対して、中州ではたまる場所は川の縁や真ん中です。大きく成長して地盤も安定した中州は、川幅が狭く両岸から橋を架けやすいこともあって、その上に都市が発達することもあります。中洲（福岡県福岡市）や中之島（大阪府大阪市＝図2－14）などは、地名からもそうと知れる中州にできた市街地です。ニューヨーク（アメリカ）があるマンハッタン島も、総面積およそ57㎢もの大規模な中州です。

もう一つ、中流で目立つようになる地形が「河岸段丘」です。これについては第1部の**謎の7**でも「天然の段々畑」として紹介しました。その成因はそこで説明したように、海面が下がって川から海への流れが急になると、下刻が進むため河床の真ん中が削られ、段差ができるのです。中流に河岸段丘ができやすいのは、川が平野に下り海に近くなることと、扇状地は川に下刻されやすいことが理由です。

武蔵野台地にも多摩川によってつくられた河岸段丘がよく発達しています。さきほど述べた玉川上水は、高低差のある地形に水路を通すために、この段丘を巧みに利用しています。

武蔵野台地では最も低い段丘に立川段丘、それより一段高い段丘に武蔵野段丘などと、段丘に名前がつけられています。これらの段丘は下流の海岸近くまで続いています。また、段丘の縁には崖線と呼ばれる数メートルほどの崖がえんえんと続いていて、やはり国分寺崖線《がいせん》、立川崖線などの名前がついています。崖線のことを古語や方言では「はけ」とも呼び、とくに国分寺崖線の下の道は「はけの道」と呼ばれ、大岡昇平の恋愛小説『武蔵野夫人』の舞台にもなっています。

「堆積」のはじまり

中流に独特のこうした地形をつくりだしているのが、川による堆積という作用です。これは中流で初めて起きる現象です。川が地形におよぼす作用は複雑ですが、基本的なものに分解すると「風化」「浸食」「堆積」という三つのプロセスになります。

まず風化とは、風による作用と思われがちですがそうではありません。風化という日本語が不適切なのです。また、「あの事故の記憶はもう風化している」などと言うときの、古くなってしまうというニュアンスとも違うようです。風化とは物理的または化学的に、岩石が分解・崩壊して粉々になっていくすべてのプロセスのことです。風雨によるものだけではないのです。

物理的な原因には温度変化や凍結作用があり、化学的な原因には水や酸素、二酸化炭素の作用などがあります。また、生物の働きによっても岩石は崩壊します。植物の根が入り込んだり、ミミズが食べたり、といった理由からです。

２０００ｍを超えるような高い山は一日の温度差が大きく、昼間は温度が上がり、明け方は氷点下になることもあります。じつはこれが岩石にとっては過酷なのです。岩石は鉱物やさまざまな物質が集まった不均質な物体だからです。岩石は温度が高くなると膨張し、温度が低くなると収縮しますが、成分が不均質なためその度合いにばらつきが出て、割れ目や隙間ができます。そこから水が入ると、水は４℃のときに最も体積が小さいので、それより温度が低くなると膨張して岩石を壊すのです。これが温度変化による物理的な風化です。

化学的な風化とは、岩石がなんらかの溶液に接触して反応し、その中に岩石の成分が溶け込んでしまって、やがて崩壊するという風化です。多くは雨水によるものです。とくに石灰岩は雨水に弱く、その風化の結果、つくられるのが鍾乳洞です。

硬い岩石も、長い時間が経つとこうした風化によって少しずつ分解されていきます。細かくなった岩石の粒子としては、大きいほうから順に礫、砂、シルト、そして粘土があります。

次の浸食とは、本書でもすでに何度も述べているように、川の流水が河床を削る作用です。とくに深く削るのが下刻作用です。浸食によって、河床はＶ字型の谷となります（図２－15）。ま

図2-15　揚子江の虎跳峡
浸食によって深いV字谷が形成された典型的な例（→第1部の**謎の3**）

た、川が運ぶ礫などによって河床や地表が削られることも浸食といいます。浸食は川の流れが速い上流で盛んになる作用です。

　風化や浸食によって細かく砕かれた岩石の多くは、雨や風によって運ばれて川に入ります。川に入った岩石の粒子は、その大きさによって挙動が異なります。礫のように2㎜より大きなサイズの粒子は、強い力がなければ運搬できませんが、粘土のように4μm（ミクロン）より細かい粒子は、弱い力でもどこまでも運ばれていきます。運搬する力は上流では強く、中流に入って傾斜が小さくなると衰えはじめますから、中流では運搬できなくなった粒子が、河床に堆積しはじめるわけです。ただし、中流でも運搬できる小さな粒子は、さらに下流へと運ばれていきます。

順路4 下流の風景

せめぎあう川と海

多摩川を下る旅も、いよいよ終わりが近づいてきました。多摩川の中流と下流は、調布取水所防潮堰という堰で区別するのが一般的です。「調布」という名がついていますが、所在地は東京都大田区田園調布であり、調布市ではありません。東京23区内にあるのです。「調布取水堰」という通称で呼ばれることも多いようです。少し下流の丸子橋（図2-16）の付近は、2002年8月にアザラシの「タマちゃん」が発見された場所です。

この堰は1936年に、満潮時などに海から逆行してくる海水を防ぐとともに、都民に飲料水を供給する目的でつくられました。ところが、洗濯機の普及とともに合成洗剤を含む生活排水が大量に流れ込んで汚染が進み、一帯の水は泡だらけとなってしまいました。そのため1970年

図2－16　夕暮れの丸子橋
下流では、川は人間の生活によりかかわってくる

には取水が停止され、1979年からは工業用水として利用されるようになっています。しかし魚は多数棲息《せいそく》していて、堰の近くはアユ釣りの人たちなどでにぎわっています。

このように人間の生活とのかかわりが濃くなってくるのは、下流の特徴の一つといえるでしょう。ただし、地質学的な観点からは、多摩川には中流と下流の区別はないと考えるほうが妥当でしょう。青梅に出て扇状地をつくってからは、ただ平坦な地形が海まで続くのです。

強いていうなら、上流や中流との最も大きな違いは、海の影響を大きく受けることです。言い換えれば、ついに海と直面するところまで下ってきた川が、海とせめぎあうのが下流なのです。

その特徴的な地形としては、「三角州」があります。中流に入ってから傾斜が平坦になった川はゆっくりと流れるようになるため、さきほども述べたように堆積が進みます。ついに海と出会う河口にまで来ると、川の土砂は海水に押し戻されて、河口に堆積物をためて大きな三角州を形成します。そのため川は本流といくつもの支流に分かれ、多くの流れと海とで中州が囲まれます。それが三角形に見えるのでこう呼ばれるのですが、ギリシャ文字のΔ《デルタ》に似ているという見方から「デルタ」とも呼ばれています。日本では太田川（広島県広島市）河口や阿武川（山口県萩市）河口の三角州が代表的ですが、世界にはナイル川やメコン川などの大河の河口に巨大なデルタ地帯ができています（図2－17）。

多摩川では、三角州によく似た地形が見られます。意外にもそれは、おしゃれな街としてにぎわう通称「ニコタマ」、東京都世田谷区の二子玉川《ふたこたまがわ》駅からすぐ見えるところにあります。多摩川と支流の野川によってつくられた砂嘴《さし》です。野川は前述の「はけの道」（国分寺崖線）がある段丘からの湧水を源流とする川です。ただし、残念ながらこれは三角州とはいえません。かつては周囲を水に囲まれていたのですが、多摩川の度重なる洪水で土砂が堆積し、現在では兵庫島という中州とくっついて、さらには河岸と地続きになってしまったからです。それでも真上を通る高架の道路から見下ろせば、かつて多摩川と野川が三角形をつくっていたことがわかります。

一帯は水辺が多い公園になっていて、親子連れが目立つのどかなところです。しかし「兵庫」という名の由来は、南北朝時代に新田義興《にったよしおき》の家臣、由良兵庫助《ゆらひょうごのすけ》が足利氏に敗れ戦死したとき、亡《なき》

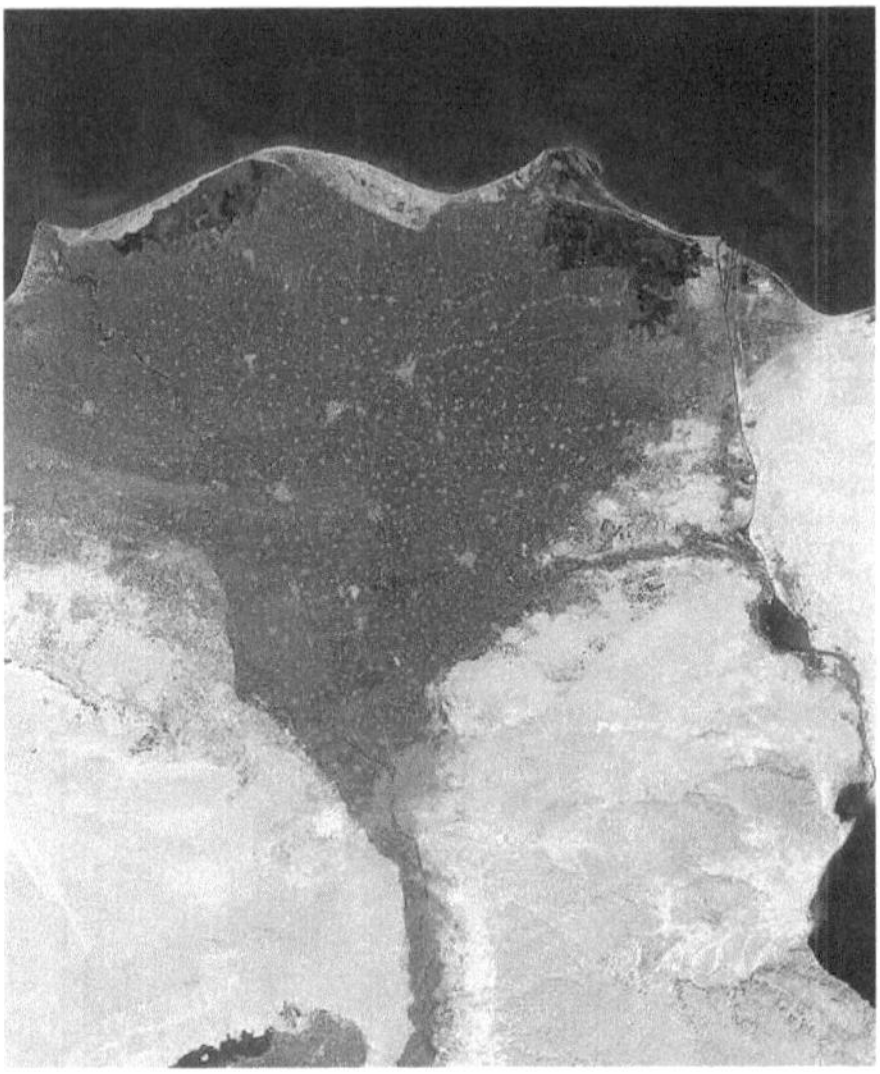

図2－17　ナイル川の河口に発達した三角州
東西に約240kmにもおよぶ世界最大級の三角州（デルタ地帯）

骸《がら》がここに流れ着いたからだといいますので、あまりのどかではありません。また、穏やかな川面《かわも》からは想像できませんが、大雨による増水時には子どもの水死事故も近くで起きているようで、「暴れ川」とも呼ばれる多摩川の侮りがたい力を思い知らされます。

　川が運び込もうとした土砂が海に押し戻されてできた三角州は、川と海のせめぎあいの産物ともいえます。しかし、川もそれで引き下がるわけではなく、大量の土砂を海に持ち込みます。インドのベンガル湾海底にたまった堆積物の量のすさまじさは、**謎の12**で述べたとおりです。

　川と海のせめぎあいの例としては「海嘯《かいしょう》」もあります。これは潮汐《ちょうせき》作用や地震などによって海水が川へ逆流する現象のことで、潮津波《しおつなみ》とも呼ばれています。とくにアマゾン川では干満の差が大きくなる大潮のときにものすごい激流が川を遡上するので、ブラジル先住民が使うトゥピー語で「大騒音」を意味する「ポロロッカ」（pororó-ká）と呼ばれています。その逆流の音は実際にすさまじく、津波が押し寄せているようです。満月と新月のときは、およそ５ｍの波が時速65㎞で逆流します。雨季にあたる春にはアマゾン川の水量も多くなってこれと衝突するのですが、押し返されてしまいます。逆流が河口から８００㎞の内陸にまで到達し、洪水や氾濫を起こして大きな被害が出たこともあります。多摩川の長さが１３８㎞ですから、おそるべきものです。

多摩川では通常は海嘯のように危険な逆流が発生することはありませんが、下流の入り口には調布防潮堰があるように、警戒は必要です。とくに今後は首都圏で大きな地震が予想されています。２０１１年３月11日の東日本大震災では、北上川を70㎞も津波が遡上しています。

蛇行はどうして起きるのか

ここは東京都大田区の羽田、もう空港は目と鼻の先です。行き交う飛行機は轟音を立てながら低空を飛んでいます。笠取山の水干で産声をあげ、「一之瀬川」という川としてスタートした多摩川が東京湾に注ぎ込むまでを見ていく１３８㎞の旅は、ゴールを目前にしています。いま私たちは、東京都と神奈川県の境界を流れる多摩川の左岸（東京都側）の道路を、河口をめざして歩

図2－18　羽田赤煉瓦堤防
現在の多摩川からは離れた道路に沿って続いている

いています。多摩川は最終段階を迎えたこのあたりでは「六郷川《ろくごう》」とも呼ばれています。

ところで、この道路がさきほどから、奇妙な景観を呈しています。右側の端に、赤レンガ造りの古びた塀のようなものがえんえんと続いているのです（図2－18）。堤防のようにも見えますが、河岸までは距離がありますし、そもそも多摩川沿いにはコンクリート製の立派な堤防が設けられています。赤レンガのレトロな風情はいいのですが、いったいこれは何なのか、理解に苦しみます。

じつは、これは昭和初期に、当時の多摩川の流路に沿ってつくられた堤防なのです。現在の多摩川は、西六郷あたりで大きく蛇行してはいるものの、そのあと河口まではほぼ直線的に流れています。しかし、当時の多摩川は蛇行を繰り返していました。いまはその面影もないのは、埋め立てなどの河川改

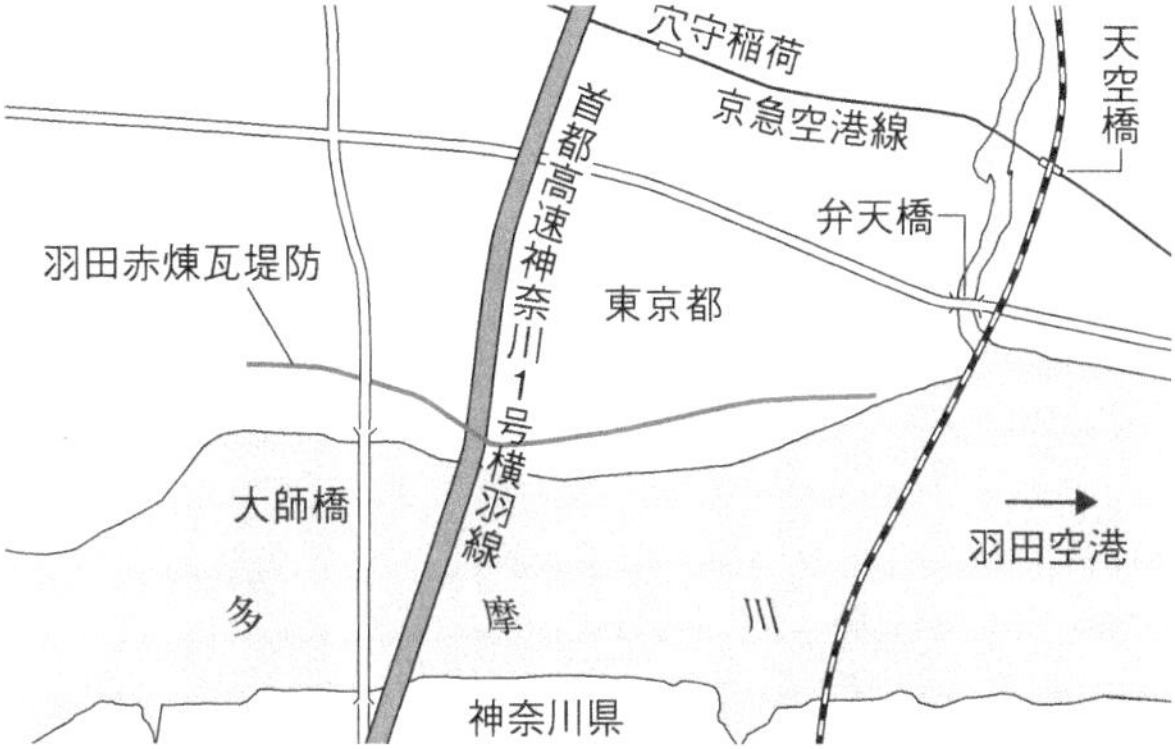

図2－19　羽田赤煉瓦堤防から推察できるかつての多摩川の流路
現在よりも大きく蛇行していたことがうかがえる

修工事によって流路が変わったからなのです。

それまでの蛇行していた多摩川は、大雨のたびに氾濫して大きな被害をもたらしていました。周辺住民が堤防建設を求めても行政がなかなか応じないため、1914年に約500人が決起して神奈川県庁に押しかけ、ようやく建設にこぎつけたのがこの堤防なのです。いまの多摩川とは離れた道路や民家の脇を、カーブを描いて通っている「羽田赤煉瓦《れんが》堤防」は、かつて多摩川が蛇行していたことを物語る〝生き証人〟ともいえます（図2－19）。なお、土木学会はこの堤防を「日本の近代土木遺産」のAランクに選んでいます。

川がヘビのように曲がりくねって流れる蛇行は、下流の平野で最も目につく地形です。これはなんらかの理由で川が次々と流路を変更していく現象です。蛇行がどうしてできるのかは確定的にはわかっていませんが、基本的には川が障害物をよけるために起こるといえそうです。

川の下流が平野部に入り、流速が遅くなると、運んできた土砂が置いてきぼりにされます。そのあとの流れは、その土砂を押すことができなければ、それをよけて流れやすいところを流れます。そのあとまた同じことが起きて、別のところを流れる、ということが繰り返されるわけです。

海や大気には、地球の自転の影響でコリオリの力という力がはたらくため、海水は基本的に北半球では右回りに、南半球では左回りに流れます。また、台風も北半球では反時計回りに、南半球では時計回りに回転します。しかし、川の蛇行は右に曲がれば次は左と交互に起こる場合が多いので、コリオリの力の影響はないとみられます。

川が円弧を描いて蛇行するとき、外側は移動距離が長いため流れが速くなります。したがって河床や河岸で多くの土砂が削られ、運搬されます。この外側は攻撃斜面ともいわれ、堤防などを削って氾濫することがあります。削られた土砂は、流れが遅い内側に堆積します。すると、砂州と呼ばれる障害物ができて、流れは遮られます。そのため川は方向を変えて、次の蛇行をはじめます。これが基本的な蛇行が起こるしくみと考えられます。ただし、砂州にも交互砂州、複列砂州などの種類があり、蛇行の原因も一概にはいえません。たとえば、そもそも川の流れは真ん中より両岸に近いほうが、河岸との摩擦が生じるので遅くなります。そのため真ん中と両側で流速

図2－20　石狩川の支流からカットされた三日月湖

に差ができ、流れがふらつきます。これが蛇行の原因ではないかという見方もあります。

北海道の石狩川も大きく蛇行していますが、河川改修工事や自然の作用で蛇行の一部が直線状にショートカットされました。このとき、カットされた蛇行部分が埋め立てられずに残ったものが、三日月湖と呼ばれる地形です（図2－20）。

また、やはり蛇行で有名な高知県の四万十川は、平野だけでなく山間部でも、ものすごい曲線を描いて蛇行しています（図2－21）。これは「穿入蛇行《せんにゅうだこう》」といわれ、かつてまだ山がなかったときにすでに平野を蛇行していた川が、平野が隆起して山になってからも変わらずに蛇行を続けているものです。文字どおり川が山を穿《うが》ちながら蛇行を続けているといえるでしょう。穿入蛇行は下流で見られる蛇行とは性格が違いますが、山、川、平野などの地形の年代的な前後関係を知る手がかりとして重要です。

世界の川では、第1部の**謎の3**でも述べたメコン川の大蛇

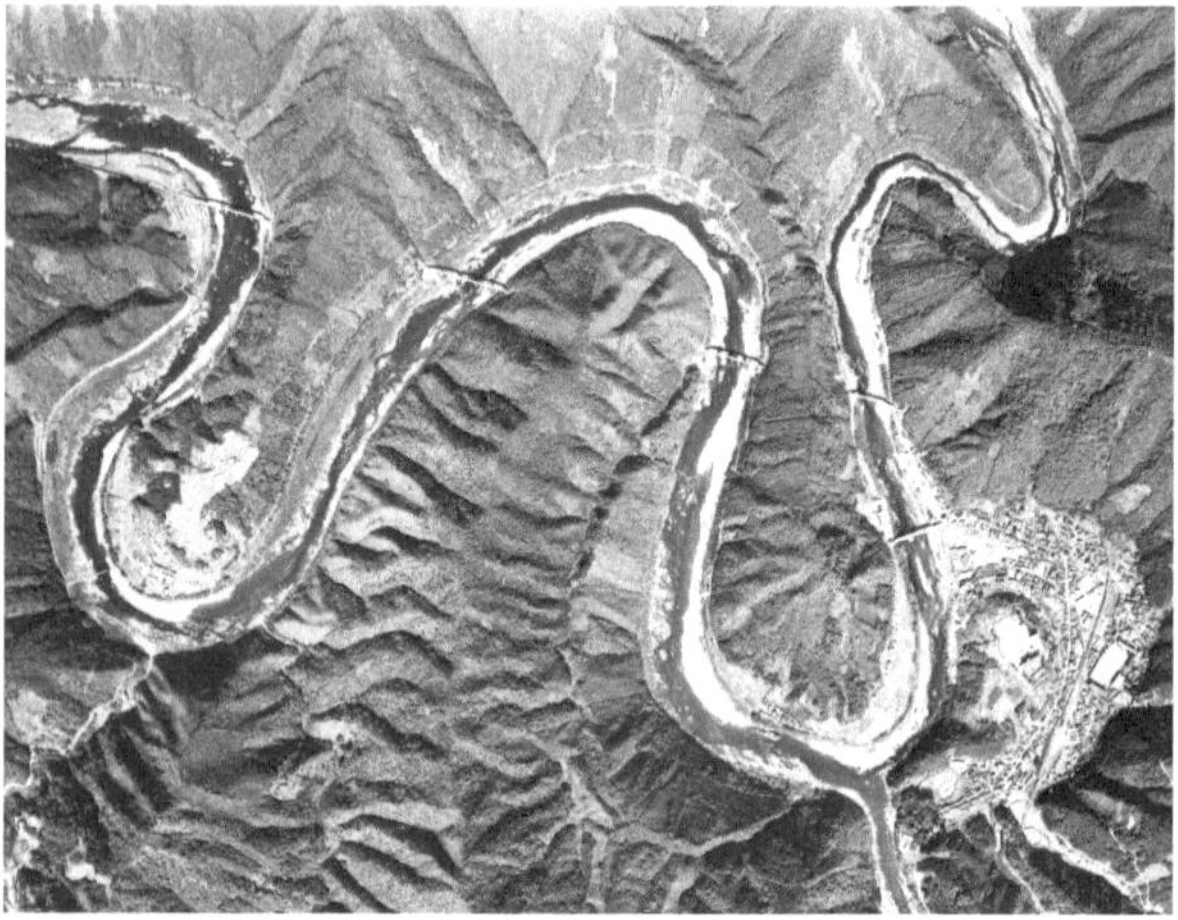

図2－21　山地を大きく穿入蛇行している四万十川

行は、飛行機で上空から見ても全貌を把握できないほどの巨大さです。2011年には記録的な洪水を起こして、タイやカンボジアに大きな被害をもたらしましたが、そのとき不思議に思ったことがあります。洪水の原因は、6月から9月の雨季に大量の雨が降ったからでしたが、実際に下流の平野部が洪水に見舞われたのは、9月下旬から10月で、そこに時間差があるのです。これは蛇行しながら進む下流があまりにも流れが遅く、上流からの増水分が平野部に到達するまでに時間がかかるからです。つまり、雨が降っていないのに突然、流量が増すわけです。この現象には地元の人も、なかなか慣れることができないと話していました。

かつて多摩川が蛇行していたことは昭和初期以降の治水の努力によって、いまや知る人のみ

図2－22　多摩川の河口（右岸）
ヨシ原の向こうに羽田空港を望む

ぞ知る話になっていますが、東京都と神奈川県の境界を地図で見ると、現在の多摩川の流路とはややずれて湾曲していて、蛇行の名残がうかがえます。

いよいよ、東京湾に注ぎ込むときが来ました。右岸にはヨシが生い茂った平原（図2－22）が続き、水鳥や干潟の生き物たちが集まってきています。左岸には漁船が係留され、江戸時代からの佃煮《つくだに》の老舗が軒を並べ、さらには各企業の工場群が林立しています。そして、その先には絶え間なく飛行機が離着陸している羽田空港――これが多摩川の最下流、河口の風景です。では、河口原点を確認してください（図2－23）。

海底の風景

笠取山の分水界に落ちた最初の雨水が、東京湾の海へと流れ下りるまでを見ていく旅は、これで終わりです。しかし、多摩川はこれで終わるわけではありません。

第1部の**謎の12**で、海底を流れる川、海底谷の話をしました。かつて東京湾が陸地だったころ、そこに流れ込む多摩川、荒川、江戸川などは一つの川に集約されて「古東京川」という大きな川を形成していました。これが相模湾に注ぎ込み、海底を流れる「東京海底谷」となったのです。やがて東京湾が海に没しても、東京海底谷の流れは残りました。これが多摩川の最終的な姿なのです。

図2－23　多摩川の河口原点
川の長さはここから測られている

海水と川の水（淡水）では、多くの元素を含む海水の密度のほうが大きいので、海に流れ込んだ川の水は海水の上に乗り上げ、しばらくはそのまま沖合へ進みます。しかし、川が運んできた土砂は当然、海水より密度が大きいので、海水の下へ沈みます。そして海底の斜面に流れ込み、そこに堆積するのです。粘土のような細かい粒子はかなり遠くの沖まで流されますが、それもやがては沈降し、海底に堆積します。1929年11月18日、カナダのニューファンドランド島南方で発生したグランド・バンクス地震では、海底の電線が次々に6本も切断されるという事故が発生しました。その原因は、海底をものすごい速さで土石が流れたからではないかと考えられました。そのような流れは乱泥流《らんでい》（タービディティカレント）、乱泥《らんでい》流に運ばれてたまった堆積物は乱泥流堆積物（タービダイト）と呼ばれ、その後、実際にスイスのレマン湖でその存在が確認されました。アルプスから流れ下りてきた雪解け水が、レマン湖に流れ込むと、湖底を洪水のように進んで大量の土砂を堆積させたのです。

相模湾でも1973年、大雨が降って酒匂《さかわ》川が氾濫したときに、海底に流れ込んだ土砂によって二宮町からグアムへつながっている海底ケーブルが切断されました。2007年に台風による大雨によって西湘《せいしょう》バイパスが大きく壊れたときも、大量の土砂が相模湾に雪崩れ込みました。これらも、タービダイトによるものです。

大雨にかぎらずとも、やや流速の大きな流れがあると、川が海に運び込んだ土砂は海底谷を流れます。その速度は時速100km近くになることもあります。土砂は海底谷の谷床を下刻していき、陸上での堆積作用と同じように土砂を堆積させ、海底に扇状地をつくるのです。房総半島沖の水深7000mのところには、茂木海底扇状地ができています。さらに深い水深9200mにある坂東深海盆《ばんどうしんかいぼん》は、日本列島周辺で最も深い扇状地です。この地名は筆者が命名したものです。

海底谷の多くはまっすぐ直線的に走っていますが、蛇行しているものもあります。その違いが海底谷の成因によって生じることは、**謎の12**で述べました。いずれにしても陸上の川に比べて、その勾配も長さも大きくなります。

海底谷は最終的に、海底で最も低い場所へと到達します。海溝です。もはやそれより深い場所は海底にはなく、したがって「低きに流れる川」海底谷は、それ以上は海底を移動することはできません。海溝こそは海底で最も安定した場所であり、陸から流れ込んで海底谷となった川の終着点といえるでしょう。

東京海底谷も、相模湾の相模トラフに達します。しかし、そこはまだゴールではありません。相模トラフは南東へと続いています。そして房総半島沖の「海溝三重点」で、日本海溝や伊豆・小笠原海溝と、一点で交わるのです（図2-24）。板東深海盆はそこにあります。それはとりもなおさず、ユーラシアプレート、北太平洋プレート、フィリピン海プレートの三つのプレートが一点で接するところでもあります。ここが相模トラフの終点です。

東京海底谷の堆積物もこの海溝三重点にまで流れつき、そこからさらに、坂東深海盆に注ぎこみます。日本列島周辺で最も深い場所です。ここが本当の、東京海底谷の終着点なのです。

ただし、堆積物の移動はこのあともさらに続きます。プレートによって地球の内部に押し込まれたり、陸上に押しやられたりするのです。地球の内部に入った堆積物はやがて溶岩などに姿を

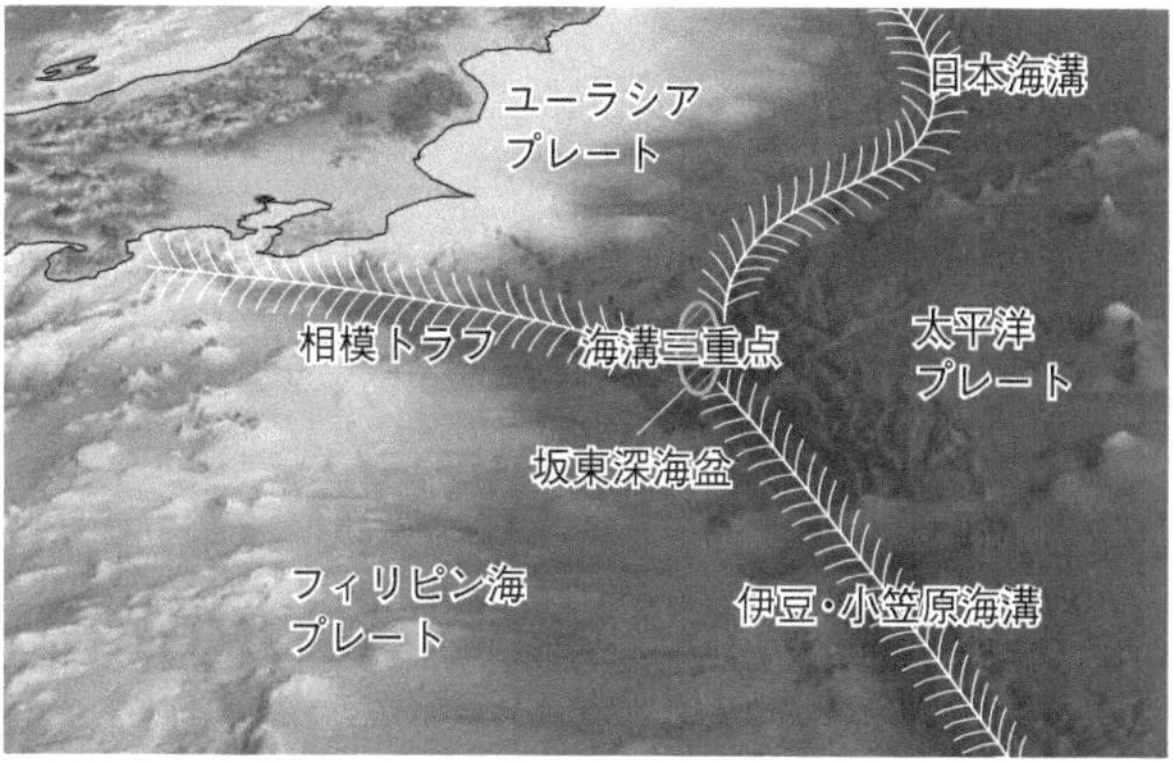

図2－24　海溝三重点と坂東深海盆
３枚のプレートが接するところが東京海底谷の本当の終着点となる

変えて地上に戻り、陸上に押しやられた堆積物は付加体となって、いずれも山をつくります。その山は再び、川によって浸食されて、堆積物はまた海溝へと戻ります。川の基本的な作用は「風化」「浸食」「堆積」といいましたが、それは陸上だけのことではなく、海底でも起こっています。そしてこの作用によって、堆積物は陸と海の間を循環しているのです。さらには川自身も、海に入ったら蒸発して、また雨水となって山に降ります。こうしてみると、さまざまな物質が地球を循環するために、川はなくてはならないものであることがわかります。

多摩川を下る物語は、これで本当に終わりです。水干から発した一滴が最後にたどりつくところは、水深およそ９２００ｍの海溝三重点にある、坂東深海盆でした。

図2－25　多摩川の始点から終点まで

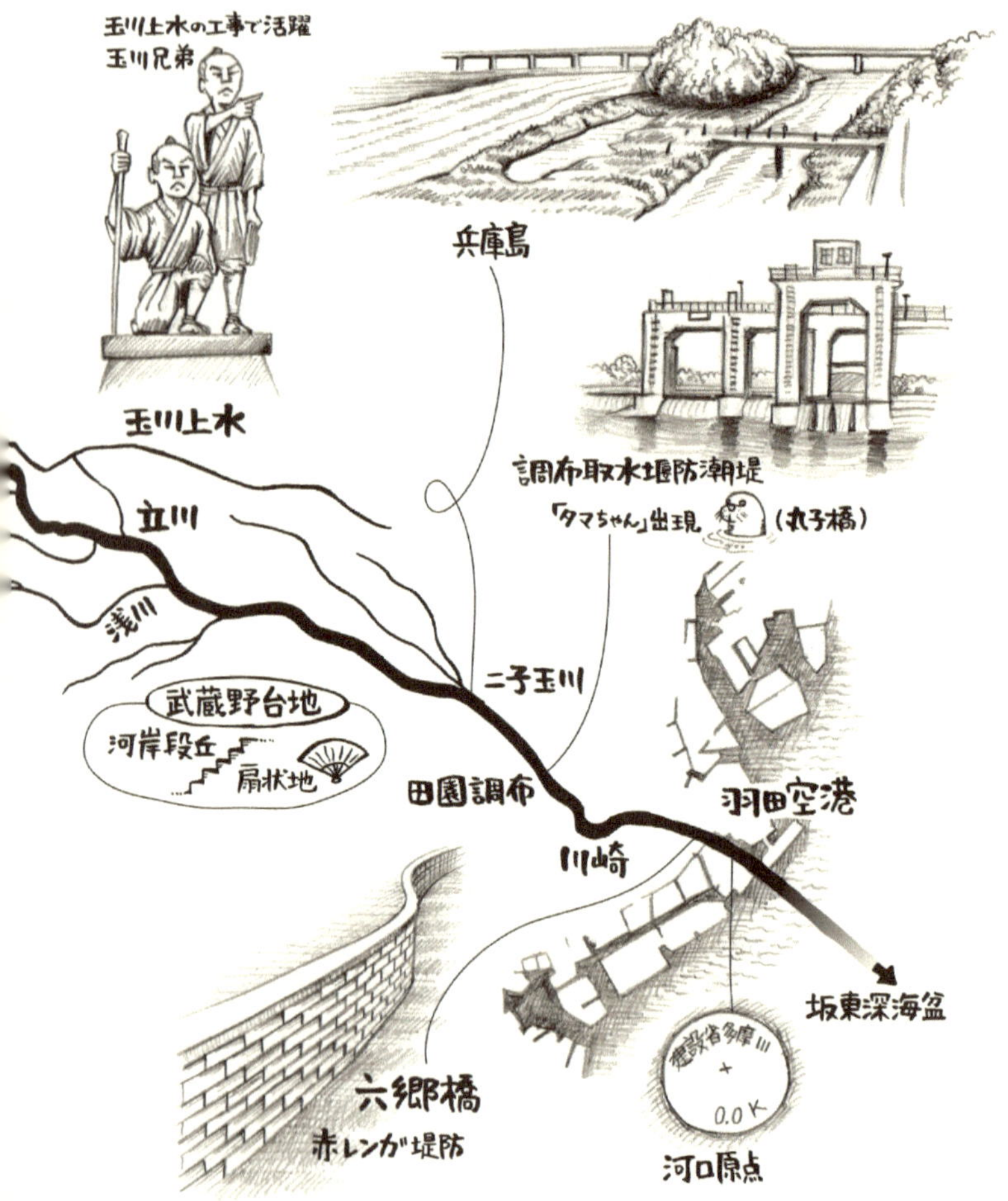

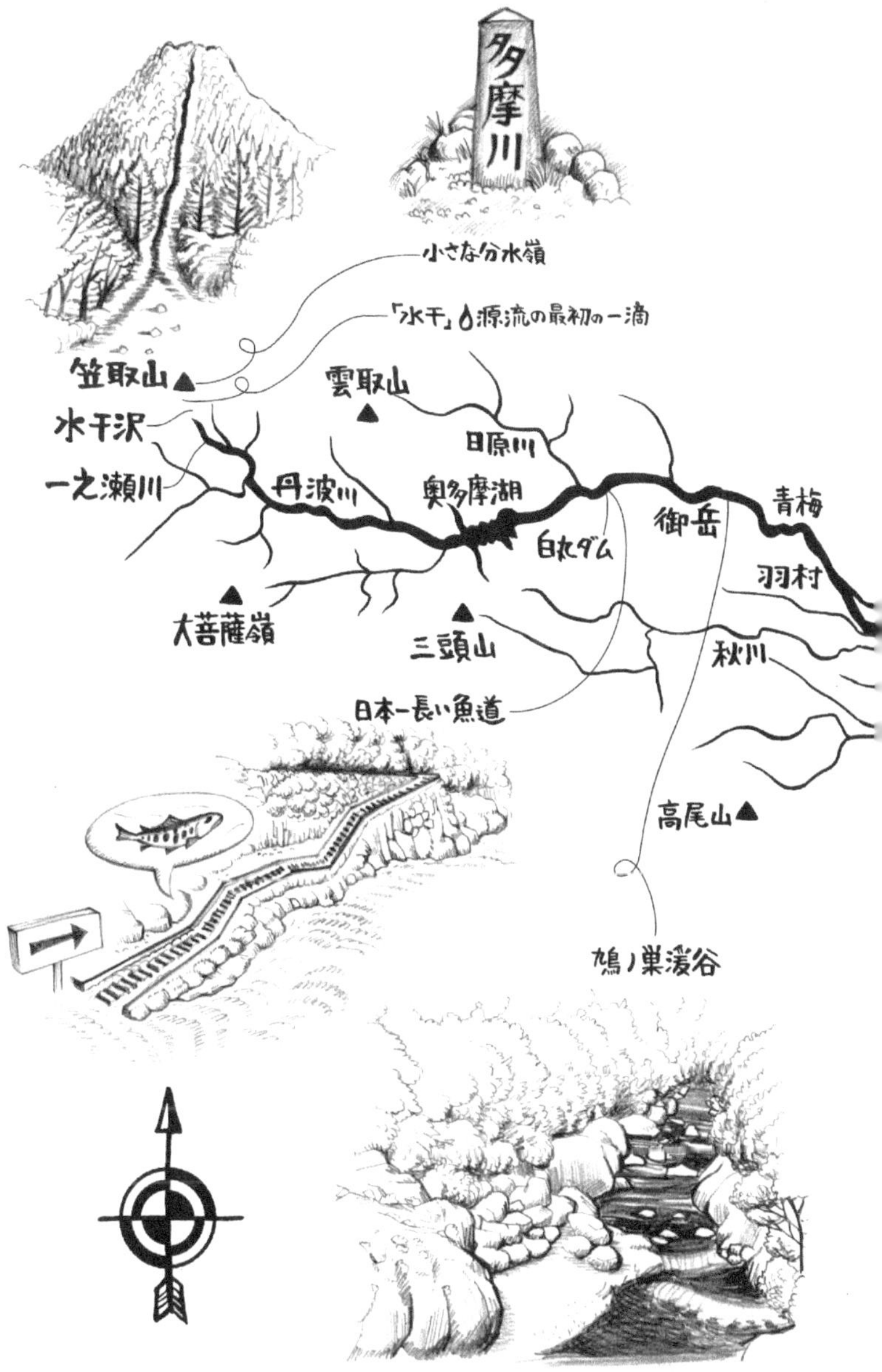
多摩川
小さな分水嶺
「水干」源流の最初の一滴
笠取山
雲取山
水干沢
一之瀬川
日原川
丹波川
奥多摩湖
青梅
御岳
白丸ダム
羽村
大菩薩嶺
三頭山
秋川
日本一長い魚道
高尾山
鳩ノ巣渓谷

第3部 川についての私の仮説

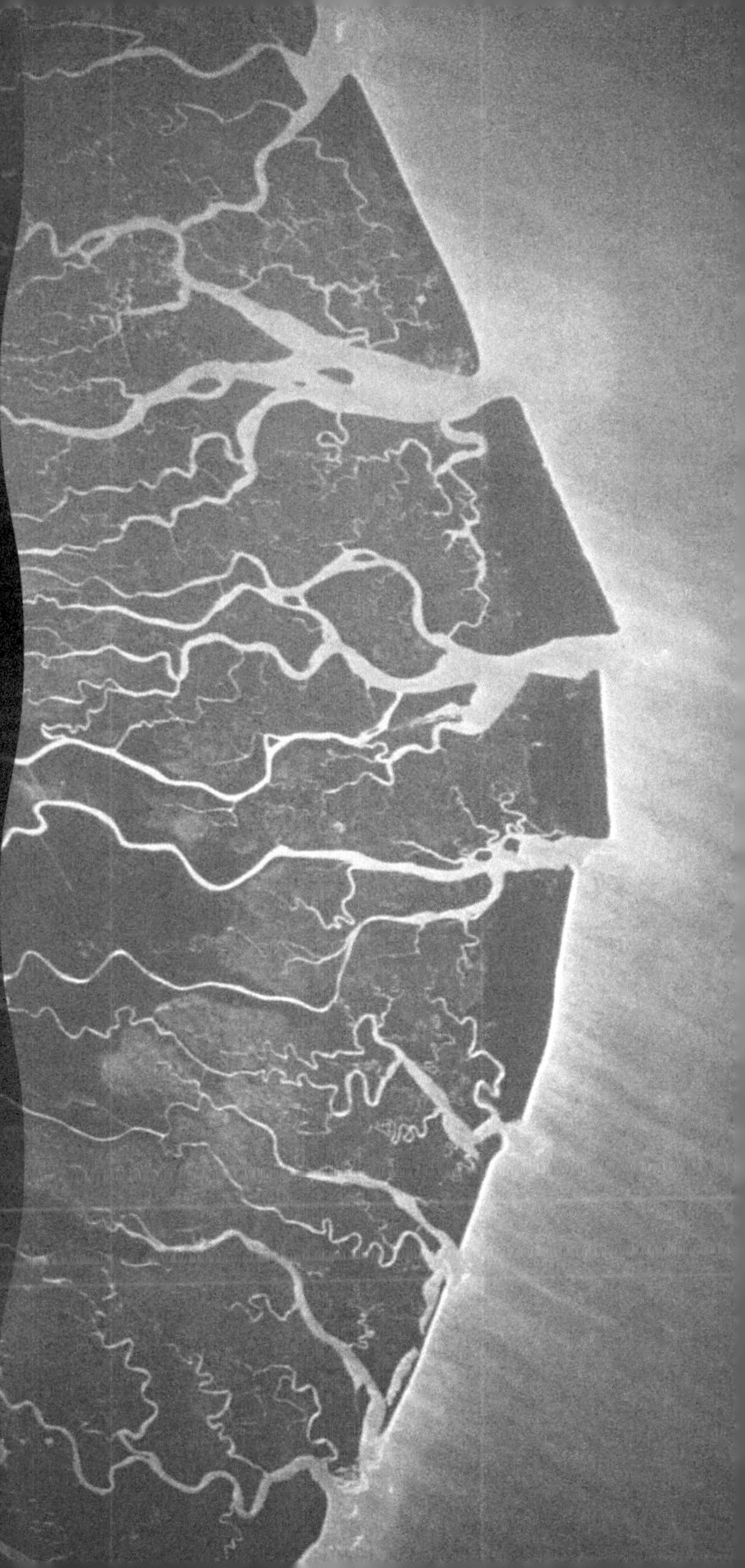

仮説の1 天竜川の源流はロシアにあった？

ここまで「謎解き」と「川下り」によって、みなさんにはもう十分に川の知識は身につけていただきました。ここでは少し自由に、川について私が感じている疑問や、思いつきをいくつかの仮説としてご紹介したいと思います。

いずれも独断と偏見に満ちたものであることをお断りしておきます。現在の地理学者も地質学者も決してこのような考え方はしないであろう、いわば妄想ですが、「時間と空間の変遷」を考えたものであるところが特徴といえます。

「源流は諏訪湖」への疑問

天竜川は長野県にはじまり、愛知県、静岡県を流れて太平洋の遠州灘《えんしゅうなだ》に注ぐ、長さ213km（日本第9位）の一級河川です（図3－1）。その源流は、諏訪湖（長野県）であると、どの本に

ウスリー川
信濃川
フォッサマグナ
天竜川
天竜川

図3－1　天竜渓谷を流れ下りる天竜川

も紹介されています。しかし私は、これには大いに疑問をもっているのです。

地元の地質研究者である松島信幸さんによれば、天竜川は概ね地質時代の第四紀（いまから258万年前より新しい時代）にできたとみられるそうです。しかし、それ以前は、天竜川の前身がどこにあって、どのような変遷をとげたのかはよくわからないそうです。

源流とされている諏訪湖から下って、中央アルプス（木曾山脈）と南アルプス（赤石山脈）の急峻な山々を通って浜松で太平洋に注ぎ、さらに海底で天竜海底谷となって南海トラフの終点に至るまでが天竜川の全体像（図3－2）ですが、じつはその間には、いくつかの不思議な構造が目につきます。そして、それらを重ねあわせてみると、天竜川の源流が諏訪湖であるとはどうしても考えにくくなり、私の頭にはある途方もない仮説が浮かび上がってくるのです。

諏訪湖を出た天竜川は、長野県では伊那谷《いなだに》という大きな谷を河床としています。谷というよりは盆地であり、伊那盆地とも呼ばれていてその幅は広いところでは川にかかる橋の長さが1㎞ほどにもなります。ふつうの川の上流では考えられない広さです。その景観は中央自動車道からよく望めますし、ランドサットの画像で見ても中部日本では松本盆地や甲府盆地、そして新潟県の信濃川に沿った谷とともに、目にとまる大きな地形です。このことが、そもそも私が天竜川に疑問と興味を抱いた発端でした。

天竜川の源流について私が抱いている疑問は、大きくいえば二つあります。以下にそれぞれを説明していきます。

❶天竜川と諏訪湖の年代についての疑問

諏訪湖を天竜川の源流と考えると、明らかにおかしなことがあります。それは、諏訪湖にはたくさんの川が流れ込んでいることです。つまり、本当の源流がもっと上流にあるはずなのです。

もし、それでも諏訪湖が源流であるとすれば、天竜川は諏訪湖よりもあとにできたことになります。しかし、いろいろな研究の結果、諏訪湖の形成はせいぜい20万年前くらいであるといわれています。これに対して、天竜川の上流にある扇状地は明らかに20万年前より古いことが、松島さんたちの研究でわかっているのです。これが第一の疑問です。

❷天竜川と諏訪湖の高低についての疑問

天竜川は、釜口《かまくち》という水門で諏訪湖から流れ出します。ここには「糸魚川《いとい》―静岡構造線」という大きな断層が中央構造線（→第1部**謎の4**）と交叉するように南北に走っています。そのため、諏訪湖は内部が陥没した形になっています。諏訪湖とは、断層によって生じた陥没に水がたまってできた湖なのです。そして、その湖底は天竜川の河床よりも低くなっています。もし諏訪湖が天竜川の源流であるならば、低い湖底から高い河床へ、水が高低に逆らって流れ上がったということになります。これはいったいどう考えればいいのでしょうか。これが第二の疑問です。

善知鳥峠についての仮説

これらの疑問を解決する仮説として、私は次のような可能性を考えています。

長野県塩尻市にある善知鳥峠《うとう》（図3－2参照）は中央アルプスの延長上にある峠で、雨水を太平洋側と日本海側とに分ける中央分水嶺を構成する分水嶺の一つです（194ページ図3－3）。この峠より南側に降った雨水は天竜川へと流れて太平洋に注ぎ、北側に降った雨水は犀川《さいかわ》に流れて信濃川（長野県では千曲川と呼称）と合流し、日本海に注ぎます。分水嶺は公園になっていて、流れの分かれ目には標識が建っています。

ここで、中央アルプスが隆起して峠ができる以前には、川はあったのか、なかったのかを考えてみます。峠ができる前から先行河川が流れていれば、ヒマラヤを乗り越える川（→第1部**謎の**

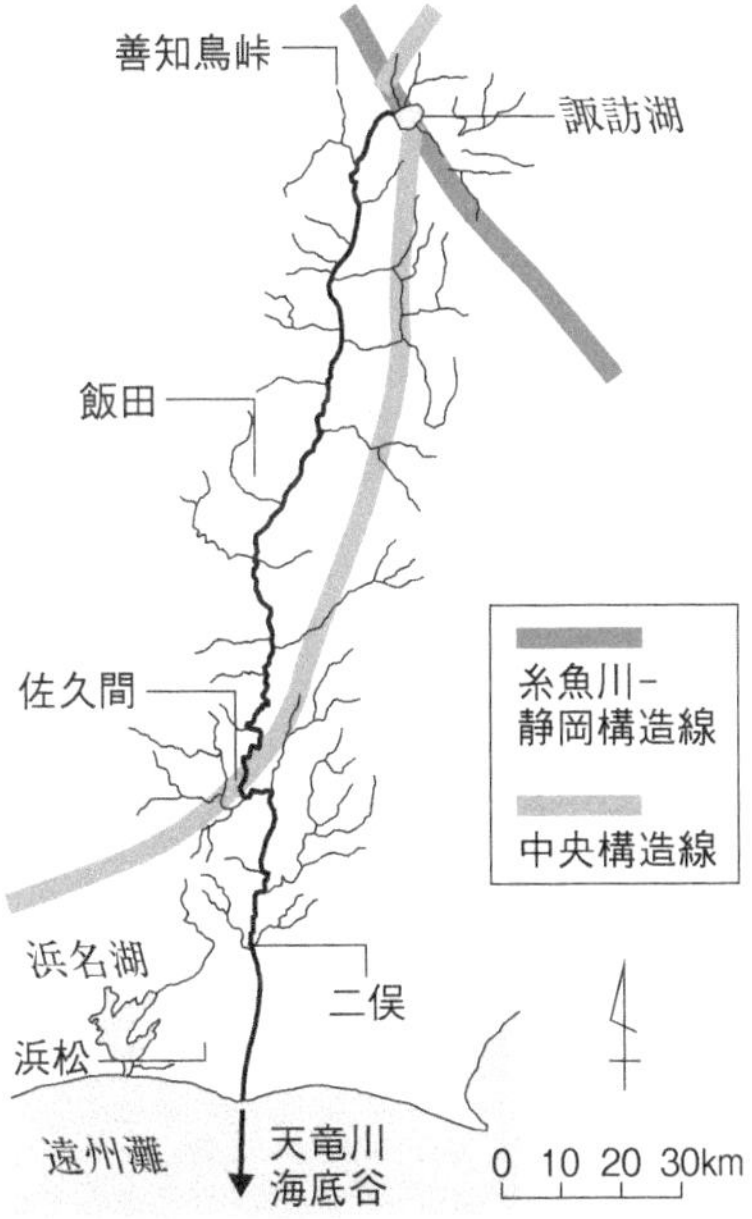

図3-2　天竜川の全流域
諏訪湖が源流とするのは疑問がある。善知鳥峠に注目してみたい

2）のように峠を乗り越えることができたのではないか、とも考えられます。実際には善知鳥峠によって川は分けられているということは、峠ができる前は川はなかったのでしょうか。しかし、中央アルプスが隆起したとされる第四紀以前に、善知鳥峠の地点を流れる川がなかったという地質的な証拠はありません。

ここではあえて、川があったと仮定してみます。すると、峠を越えられなかったのは、中央アルプスの隆起が川の下刻を上回っていたからでしょう。

では、その川はどのように流れていたでしょうか。現在は峠より北側は日本海に注いでいますが、想像をたくましくして、逆に日本海から太平洋側に流れていたと考えることはできないでし

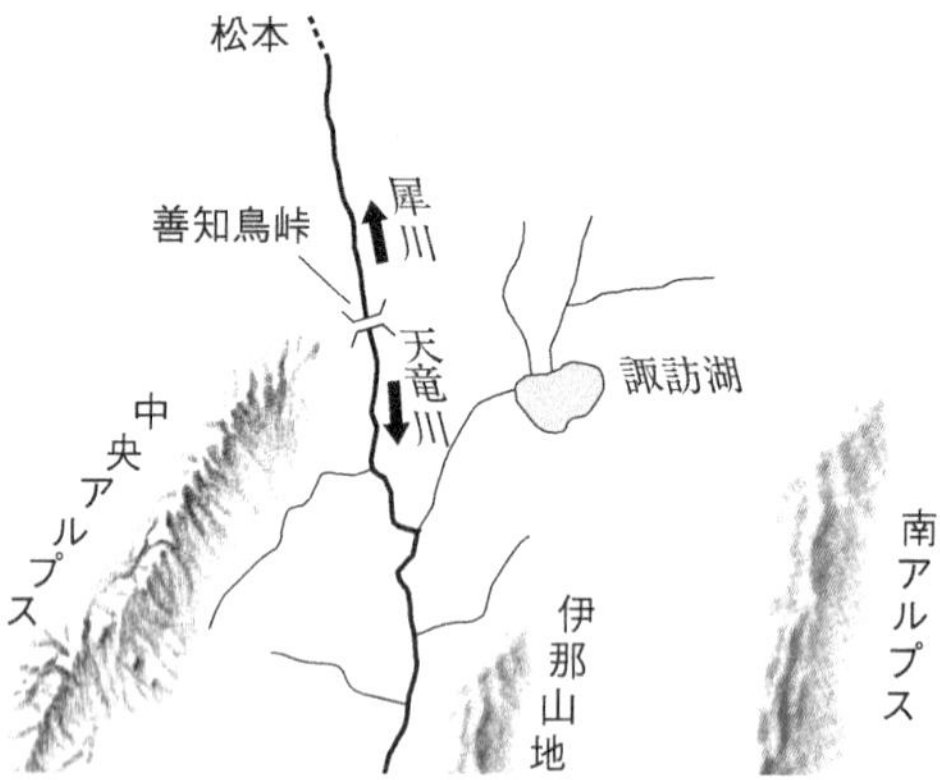

図3－3　善知鳥峠の分水嶺
天竜川の反対側へ流れる川は、犀川から信濃川へとつながる

ょうか。もしそうであれば、天竜川の上流を信濃川に求めることができるのです。

この荒唐無稽な考えに根拠を与える可能性があるのが、フォッサマグナです。ラテン語で「大きな溝」という意味のフォッサマグナは、日本が大陸から分かれて日本海ができた時期とほぼ同時に起きた、大規模な地殻変動によって形成された巨大な地溝のことで、中央地溝帯とも呼ばれています。第1部**謎の4**で紹介した東アフリカ地溝帯の日本版であり、日本列島はフォッサマグナによって、南北方向に胴切りにされているのです。

明治時代の初めに日本にこうした大地溝帯があることを発見し、フォッサマグナと命名したドイツの地質学者ハインリッヒ・エドムント・ナウマンは、フォッサマグナの東の端は、直江津—平塚構造線であろうと考えました。現在では、これについてはさまざまな見方があります。しかし、西の端はナウマンが考えたとおりであろうとみられています。それが糸魚川―静岡構造線です。ちょうど善知鳥峠と天竜川の間を通っているのです。

東アフリカ地溝帯でも、断層は一本の線ではなく何本もが平行に走っています。善知鳥峠がまだ平坦だったとき、そこを流れていた川は、フォッサマグナに平行に南北に走る断層のうちの一本に沿って、北へ流れていたのかもしれません。

大陸に源流を求める

善知鳥峠ができる以前は一つだったその川は、峠の北を流れる犀川を経て、信濃川につながっていたと私は考えます。しかし、流れる方向は現在とは逆に、信濃川→犀川→天竜川と、日本海側から太平洋側へ流れていたと考えたいのです。では、この川の源流はどこでしょうか。

現在の信濃川が日本海に注ぐまでの流路には、源流となりそうなところを見つけることはできません。そこで、日本海を越えてみることにします。いままでは多くの人が、日本は１５００万年ほど前にユーラシア大陸から分かれたのであり、それまでは大陸と地続きであったと考えています。大陸の川が日本にまで流れてくるという仮定は、決してありえないことではないのです。日本海に出てくる淡水魚の起源がロシアの川にあるとする、生物学的な事実も多くあります。

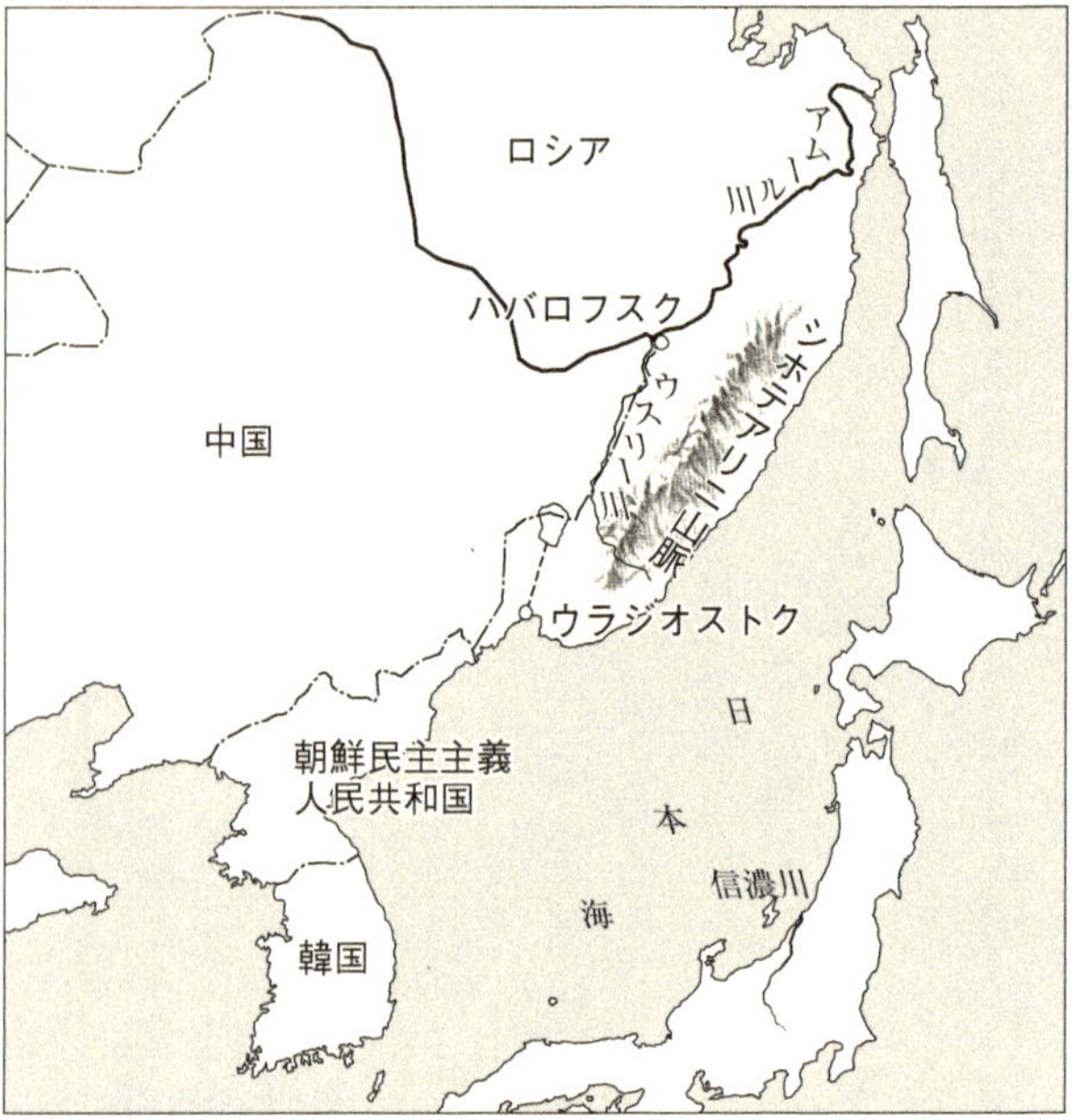

図3-4　ウスリー川と信濃川の位置関係
ウスリー川はかつて、ウラジオストクまでの点線を流れていた可能性がある。その場合、信濃川と接続していたことが十分に考えられる

日本がかつて大陸のどこにくっついていたかはさまざまな考えがあってまだ決定打はないようですが、信濃川のはるか延長上に、接続先として私が考えている川があります。ウスリー川です。

現在のウスリー川はロシアの日本海沿いにあるシホテアリニ山脈からの雪融け水を源流とし、内陸に向かって中国との国境線にぶつかり、その後は国境に沿って北東へ流れて、ハバロフスクあたりでアムール川と合流している川です（図3－4）。しかし、かつてのウスリー川は南へ流れていたのではないか、そして信濃川に、ひいては天竜川にまでつながっていたのではないかと、私は考えています。シホテアリニ山脈から日本海へ注ぐ川があったとすれば、ウスリー川くらいしか考えられないからです。すると、天竜川の源流はロシアにあったということになります。

日本海が成立したことでウスリー川と信濃川の間が水没し、フォッサマグナによって信濃川と天竜川は引き裂かれ、中央アルプスの隆起にともない善知鳥峠が分水嶺となって、互いに反対の方向へ流れるようになったのではないでしょうか。

なんという大風呂敷を、と眉唾に思われるでしょうが、なかば本気でそう考えているのです。諏訪湖を源流とみるよりはまだしも、そのほうが理屈に合うからです。

しかし、このようなことを証明するためには当時の日本が大陸のどこにつながっていたのか、当時の信濃川がどう流れていたか、フォッサマグナはどう形成されたか、はたしてウスリー川は南へ流れていたのかなど、気の遠くなるような調査が必要ですから、現実的にはかなり不可能に近いといっていいでしょう。

多摩川タイプと天竜川タイプ

この仮説について、少し別の角度からも考えてみます。いままでは善知鳥峠の北、天竜川の源流を模索してきましたが、今度は善知鳥峠より南、天竜川の下流を見ていきます。

細かくたどると、天竜川は何度も流路を変えています。まず善知鳥峠を出て、諏訪湖からの本流と合流すると、ほぼ北北東―南南西方向に伊那谷を流れます。前述したとおり、上流とは思えない川幅の広さで、多摩川の上流とは趣が大いに異なります。天竜峡のある飯田の南までまっすぐに下ると、少し蛇行しながら概ね北北西―南南東へと流路を変えて、佐久間ダムのある佐久間までほぼ南北に流れます。ここで南西からの豊川と分かれた川と合流して、東へ大きく流路を変えます。その河床には扇状地（あるいは三角州）ができています。そのあと南北に走る赤石構造線とほぼ平行に流れ、二股で平野に出て大きな扇状地を形成し、浜松で海に流れ込みます。

おおまかに見ると、多摩川のような直線的な上流というものがなく、断層によって川がずれたり、くっついたり、海底谷が隆起して川につながったり、火山（設楽火山）の隆起によって分水界ができて分かれた川（豊川）とくっついたり、河口だった部分にできた扇状地（三角州）が隆起して川につながったり、を繰り返しています。いわばいくつもの小さな川が、断層運動や火山活動、地殻変動などによって集合・合体することで、一頭の大きな龍のような川になったのではないか、というのが私の考えです。

United Plate of AmericaをもじればUnited River of Tenryuとでもいえるでしょう。プレートの境界を一本の川として流れている多摩川のようなタイプとはまったく違います。そして、日本の川の多くが、天竜川のようなタイプの川であると思われます。

ここで再び、さきに述べた妄想に戻ります。

１７００万年前ころ、日本列島は大陸の縁につながっていました。そのころ、ウスリー川から現在の信濃川、そして天竜川の佐久間のあたりまでつながる巨大河川が存在していました。それは佐久間のあたりで当時の海に注いでいたのでしょう。

１５００万年前ころから、日本海が拡大を開始します。さらにフォッサマグナが形成されて、日本列島は現在の位置にまで移動します。それにともなってウスリー川、信濃川、天竜川は分断されて、別々の川になります。その後、１３００万年前ころには設楽火山の噴火によって分水界ができて、豊川の東の部分が天竜川につながります。第四紀（２５８万年以降）になると中央アルプスや南アルプスの隆起にともなって、善知鳥峠が分水嶺になるとともに、佐久間より南の地域が海底から隆起して、陸になります。天竜川は流路を伸ばしていき、現在の海岸線にまで到達します。こうして、現在の私たちが見ているような流路になったのでしょう。

大陸から流れてきた巨大河川が、いったんは分断されたものの、長い地質学的な時間を経て小さな川の集合体として現在の規模にまでなった——これが私の考える天竜川のなりたちです。

仮説の2 かつてのアマゾン川は途方もなく大きかった？

南米大陸を走る大断裂

次は南米の大河、アマゾン川の意外な過去についての仮説です。これは、いわば天竜川の仮説の拡大版です。

アマゾン川はアンデス山脈を源流にして、南米大陸の幅のじつに5分の4に相当する距離を東に流れて大西洋へ注いでいます。アンデス山脈を降りきったところでは川の勾配はきわめて緩く、とうとうと流れています。河口には巨大デルタが形成されています。しかし、このデルタは第2部で述べた恐るべきポロロッカによって壊され、その土砂はメキシコ湾流に運ばれてバルバドスなどに泥の山を築いています。カリブ海の小さな島々は、泥が重なってできた付加体の島です。

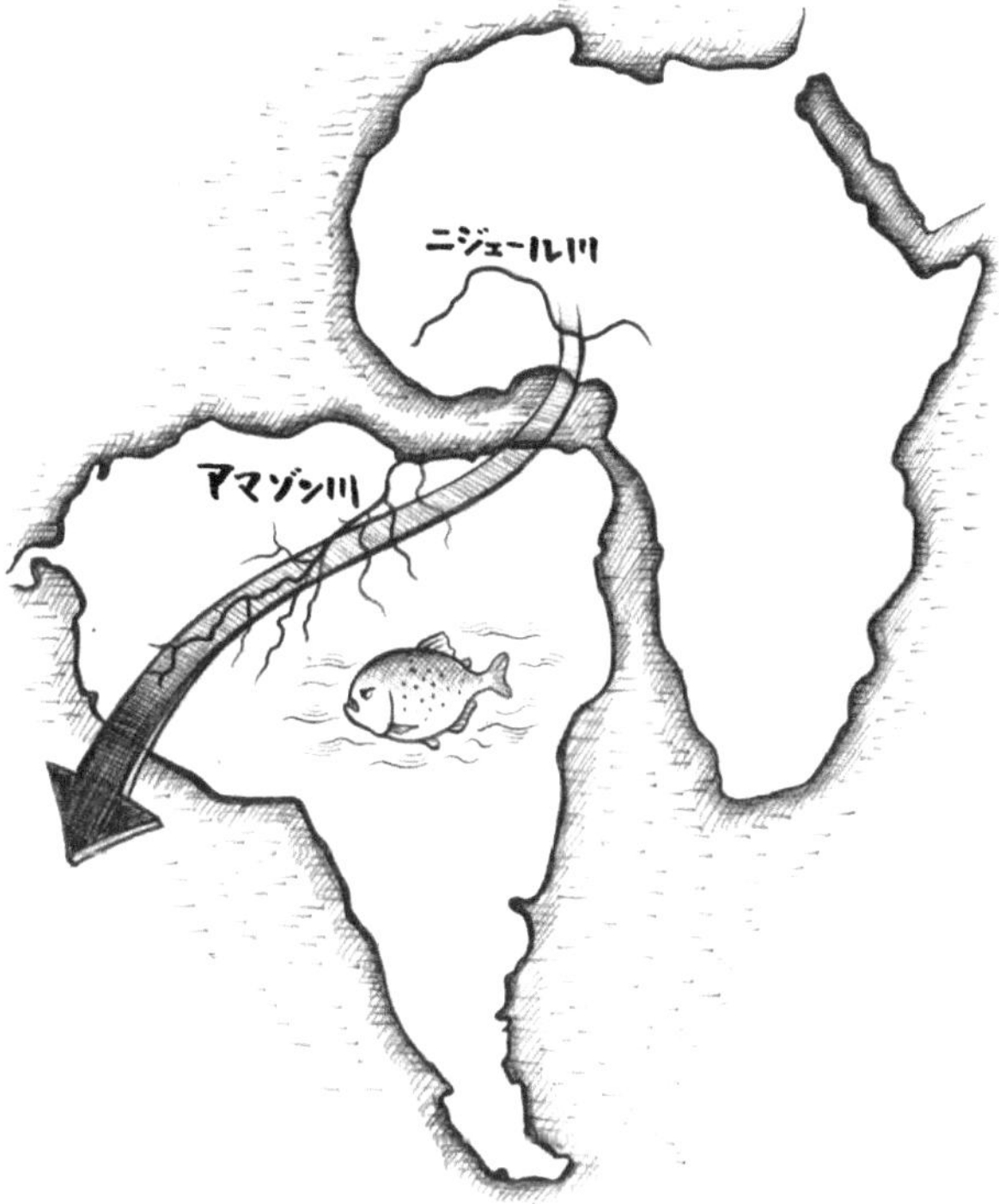
ニジェール川
アマゾン川

このアマゾン川が、その昔はいまとは逆に、西へ流れていた可能性があるといったら叱られるでしょうか。私がそう考えるのは、天竜川の場合と同様に、アンデス山脈をアマゾン川の源流とすることに疑問があるからです。

これまでの南米の地質研究の成果によれば、南米大陸には三つの大きな地塊があるようです。それらは5億4000万年よりも古い先カンブリア時代のもので、現在のアマゾン川は、ちょうどその地塊の隙間ともいえる断裂を流れています。古生代にはここに海が入り込んでアマゾン堆積盆といわれ、石炭紀の終わりごろから陸化して、大きな湖を形成していたようです。中生代にはこの断裂に沿って、巨大な貫入岩が入り込んできます。ブラジルに見られる大きな貫入岩体もこのときのものです。

このような大規模な断裂はオラーコジンと呼ばれる地溝状の断裂帯（裂け目）のようなもので、約2億年前の中生代三畳紀に、超大陸パンゲアが分裂するときにできたものではないかとも考えられます。そして、アマゾン川の流路はほぼこの断裂に沿っていることから、この年代にはすでに流れていたと考えられるのです。

一方で、アンデス山脈が活動を始めるのは第三紀（6550万年前～258万年前）になってからです。プレート（ナスカプレート）のペルー・チリ海溝への沈み込みによって火山活動が起こり、徐々に隆起が始まって山脈が形成され、現在のアンデス山脈のような姿になったのは、ほとんど第四紀になってからであろうと考えられます。つまり、アマゾン川の流路となった断裂よりもずっと新しいのです。すると、アマゾン川の源流はアンデス山脈ではなかったことになります。

スーパー大河は実在したか

この疑問に気づいて、私は次のようなことを考えたのです。

2億5000万年前ごろの、まだ超大陸パンゲアが存在していたとき、現在は大西洋をはさんで向かいあっている南米大陸とアフリカ大陸はつながっていました。このとき、すでに存在していたアマゾン川は、アフリカ大陸のニジェール川につながっていたのではないでしょうか。

ニジェール川は全長4030㎞のアフリカ大陸では三番目に長い大河で、ギニア湾の海からほど近いフータ・ジャロン高地を水源としています。そこから北東、そして南東へと、内陸部を東に向かって流れているのですが、かつては逆に西へ流れていて、アマゾン川とつながっていたのではないかというのが私の想像です。実際、面白いことに、現在のニジェール川の上流を延長して海まで線を引き、そこに南米大陸を移動させてアマゾン川の河口をくっつけてみると、アフリカ大陸と南米大陸はジグソーパズルのようにぴったりと凹凸がかみあいます（図3-5）。

もしも本当にニジェール川とアマゾン川が一つの川だったとしたら、その川はニジェール川の

図3－5　南米大陸とアフリカ大陸をくっつけてみる
ニジェール川は点線の流路をとってアマゾン川に接続していたのでは？

下流から上流へと西へ向かってアマゾン川に接続し、なおもアマゾン川の河口から上流へと西へと、現在の両者の流路とは正反対の方向に流れていたことになります。これは天竜川、信濃川、ウスリー川が一つの川だったとする考え方と同じです。

しかし、おそるべきはその長さです。単純に足し算をすれば、6516㎞のアマゾン川と、4180㎞のニジェール川を合わせた川の長さは、1万696㎞。いまだかつて人類が見たことがない、1万

kmを超えるスーパー大河が実在していたことになるのです。

残念ながらパンゲアが分裂すると、この川も分断されてしまいました。どちらの川もおそらくは、下流側の地形が隆起したことで、東の方向へと流れが逆転したのでしょう。アマゾン川の場合は、アンデス山脈の隆起が逆転させたと考えられます。

いかがでしょう。天竜川とアマゾン川、暴論も二つ並べれば、少しは説得力が増してきたでしょうか。いずれにしてもアマゾン川を相手にするとなると、天竜川のパズル合わせよりもはるかに多くのピースを長い年代にわたって調べなくてはなりませんから、これも証明されることはないでしょう。

仮説の3 大陸には大きな川が三つできる？

三つの大陸の三つの大河

あるとき、インターネット百科事典の『ウィキペディア』に記載されている「2000㎞を越す川のリスト」をなにげなく眺めていて、ふと気づいたことがありました。20位までのランキングに、アフリカ大陸、南米大陸、北米大陸から、それぞれ三つの川が入っているのです。

たとえばアフリカ大陸では①ナイル川（6650㎞）、⑨コンゴ川（4371㎞）、⑬ニジェール川（4167㎞）です。南米大陸は②アマゾン川（6516㎞）、⑭ラプラタ川（3998㎞）、⑳サンフランシスコ川（3180㎞）です。北米大陸なら④ミシシッピ－ミズーリ川（6019㎞）、⑪マッケンジー川（4241㎞）、⑱ユーコン川（3184㎞）となっています（丸数字は順位）。

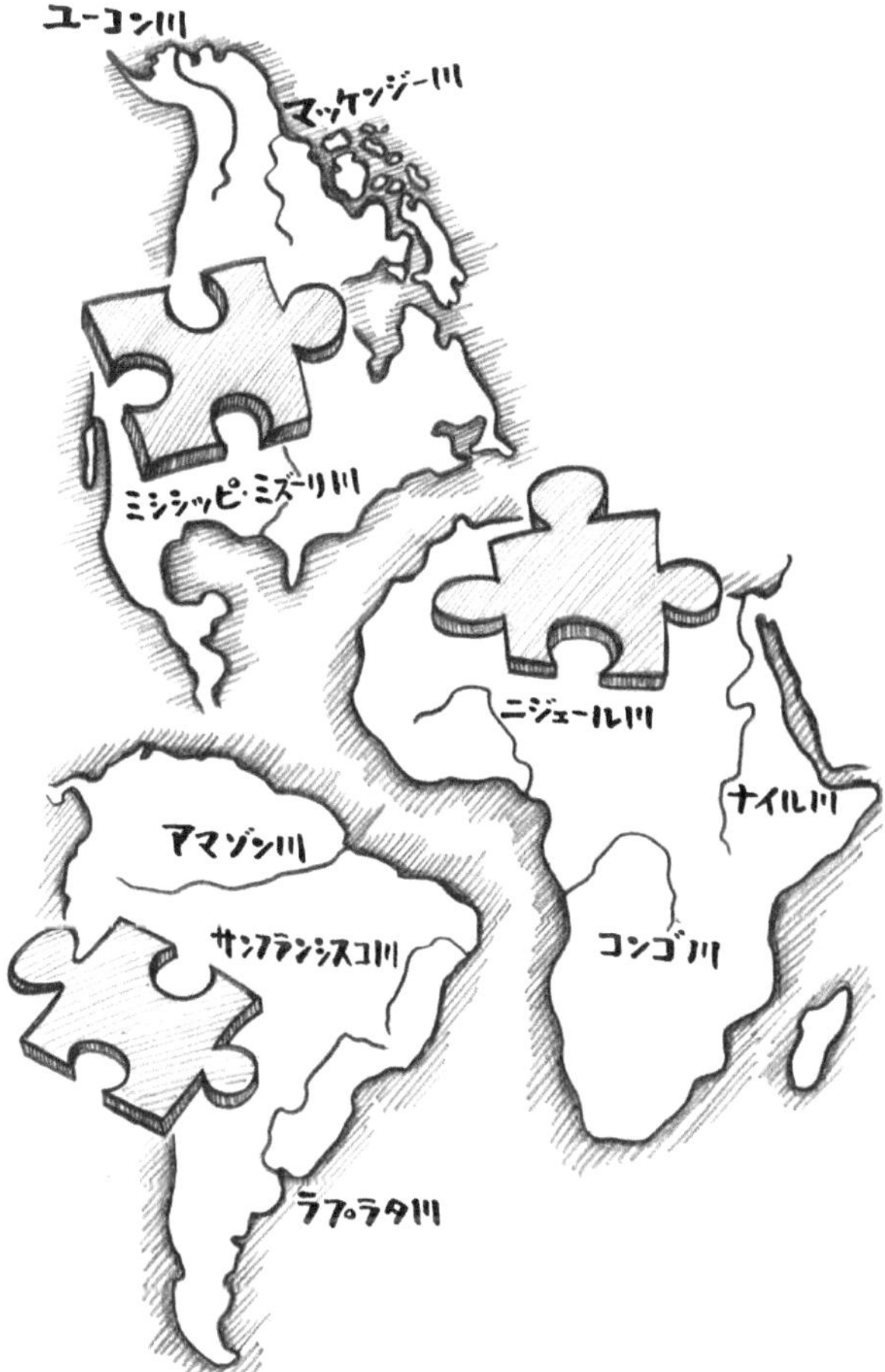
ユーコン川
マッケンジー川
ミシシッピ・ミズーリ川
ニジェール川
ナイル川
アマゾン川
サンフランシスコ川
コンゴ川
ラプラタ川

そのほかではユーラシア大陸が圧倒的に多く10、オーストラリア大陸は一つだけでした。

これらの川の長さは、本書が依っている『理科年表』(平成26年版)の数値とは異なっています。「データは概算による」と注釈がついていますが、出典は示されていません。そもそも「川の長さを算定することは必ずしも容易なことではない」とも記されています(これにはさまざまな理由があって、本当にそのとおりです)。

もとより信用性を担保できるデータとは言い難いですし、ほかの資料ではこんなにきれいな分布になっているランキングは見つからないのですが、たまたまこのようなものを見かけたのをきっかけに、考えたことがあるのです。

いわゆる五大陸のなかで、北米大陸、南米大陸、アフリカ大陸は、大きすぎず小さすぎず、おかしな表現ですが平均的なサイズの大陸といえるかもしれません。たとえばユーラシア大陸は南米大陸の3倍以上もありますし、オーストラリアは北米の3分の1以下にすぎません。そうした意味では平均的なこれらの大陸が、いずれも(このデータでは)三つの川を20位以内にランクインさせている。どの川も、3000㎞以上の大河です。ということは、一つの大陸がもつことができる大河の数は、概ね三つである、という仮説も成り立つのかもしれない、と考えたのです。平均のほぼ3倍のサイズのユーラシアに10、ほぼ3分の1のオーストラリアに1という数字も、不思議と整合性があります。

他愛もない数字遊びといわれれば、そのとおりなのですが――。

ピースの三つの裂け目

この仮説（といえるかも怪しいのですが）から、何かを導けるとすれば何でしょうか。3000㎞といえば、日本列島の全長が約2000㎞ですから、大変な長さです。そもそも大陸というものが、そのような大河が何本もネットワークを張るほどに大きくはなれないのかもしれません。そこで、大陸のでき方という観点から考えてみます。

地球上に最初にできた陸は、第2部で述べたように島弧です。これらが合体してできたのが、大陸です。第1部**謎の1**で北米大陸が“United Plates of America”とも呼ばれているという話をしたように、大陸とはいくつかのより小さな大陸の寄せ集めです。そして、最後にすべての大陸が寄せ集まったものが超大陸です。

超大陸は地球史の中で何度か、地球上に存在しました。そのうちいちばん最近のものが**仮説の2**でもふれた、約2億5000万年前に存在したパンゲアであり、あるいは北半球にあったというローラシアや、南半球にあったというゴンドワナです。おそらくそこには、現在の大河をはるかに上回る超大河が、いくつも存在していたことでしょう。

しかし、やがて超大陸は分裂します。ばらばらに分かれたピースが、またいくつかつながって現在の大陸ができあがります。北米大陸も南米大陸も、そうしたいくつかのピースから成っていると思われます。そのとき、ピースの継ぎ目の部分がちょうど川の通り道になるだろうという想像は、それほど無理がないかと思います。

ところで、大陸の分裂については**仮説の2**でも少しふれたオラーコジンという考えがあります。これによれば、大陸が分裂してばらばらになったそれぞれのピースには、三つの裂け目ができるというのです。

たとえば超大陸の分裂を考えると、分裂が起きるのは、地球内部からのスーパープルームなどによる猛烈なマグマの噴き上げが原因となります。ばらばらになった超大陸の一つひとつのピースが大陸となるわけですが、マグマの噴出が収まったあとも、大陸は地下からの余熱の影響を受けて変形します。ちょうど餅を焼いたように、真ん中がふくらんで、そのあとひび割れが生じます。そのとき、円を120度ずつで分割するように3本のひびが入るというのです（図3-6）。

この3本のひびが、それぞれの大陸において大河の流路となると考えれば、大陸には三つの大河ができるという仮説とぴったり符合します。この仮説は、オラーコジンの考え方を補強するものということができるのではないでしょうか。

なんとか、思いつきの仮説にもっともらしい理屈をつけることはできました。とはいえ、やはり机上の空論のそしりは免れないかもしれませんが、私がこのような話をした理由は別のところ

仮説の3　大陸には大きな川が三つできる？

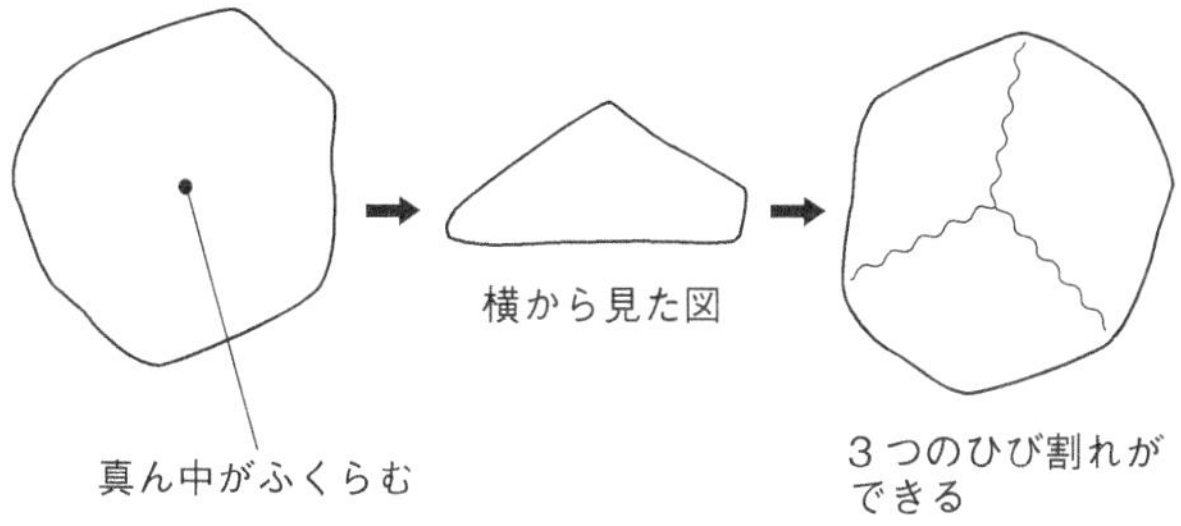

図3-6　オラーコジンの大陸分裂の考え方
大陸の真ん中が熱によってふくらみ、やがて3本のひびが入る

にもあるのです。

ここまで述べてきた仮説はどれも、実際に検証するのは至難の業どころではない、ミッションインポッシブルといえます。古い地質時代の川についての情報などほとんど残っていませんので、宇宙の過去を探ろうとするのにもひとしいでしょう。しかしだからといって、そのような挑戦的な仕事をしようと冒険する研究者がほとんどいない現状も、科学の進歩のためには芳しいことではないと思うのです。これらの話を面白がってくれた若い読者が、新たな研究にどんどん参入してくれることを願っています。

「世界一長い川」はどっちだ？

少し話を戻しますと、川の長さを決めるのはさきほどもふれたように非常に難しいことです。なにしろ「世界一長い川」さえ、いまだに確定していないのです。

みなさんは学校で、「世界最長の川はナイル川」と教わったかと思います。国際的にもそれが定説とされてはいますが、じつはアマゾン川のほうが長いという見方もあり、いまだに二派に分かれて論争が繰り広げられているのです。

その理由の一つは、川の長さを測るときに、どこが本当の源流なのかがわからないことが多いからです。第2部で見た多摩川の水干のように、川の最初の流れはごく小さなものです。いったんある場所を源流と定めても、よく見ればその先にも流れがあった、ということもあります。源流がある場所は険しい山中ですから、探索も困難をきわめます。

ほかには、どの流れが本流で、どれが支流なのか見分けがつきにくいという問題もあります。大きな川にはいくつもの支流があり、それらをすべてさかのぼって調査するのは物理的にも時間的にも事実上、不可能に近いのです。日本では河川法によって「上流端」と呼ばれる本流の端が定められていますが、ナイル川やアマゾン川ではそのような法的な定義づけはできません。そのため、調査によって新たに「源流」や「本流」が発見されるごとに長さが変更されて、「世界一」の座をめぐる議論が繰り返されているのです。

ここで本書の趣旨にのっとり、「海底の川」にも目を移してみましょう。海底は大規模地形の宝庫ですから、地上の川よりも長い「川」も見つかるでしょうか。川の水は断層に沿って流れるともいえますので、最大の断層が何かを見てみます。海底にある断層とは、トランスフォーム断層や海溝です。太平洋にあるメンドシノ断裂帯は全長約4000㎞にもおよびますが、まだ地上最長にはおよびません。大西洋のケーン断裂帯は大西洋の端から端までを切っていて、およそ6500㎞です。南太平洋のエル・タニンも同じくらいの長さです。しかし、意外にもそれ以上の断層は見つかっていません。

とすると、ナイル川、アマゾン川が現在の地球上ではやはり、最大の河川ということになります。おそらくこれ以上に大きな構造はないでしょう。

ただし、さきほども述べたように、過去に超大陸パンゲアが存在していたときには、1万㎞以上の超大河が存在していた可能性があります。そしてパンゲア以前の超大陸については、ほとんど何もわかっていません。

いずれは、現在の最長記録が大幅に塗り替えられるときが来るでしょう。超大陸は数億年という周期で形成と分裂のサイクルを繰り返しています。いまは形成へ向かっている段階とみられていて、何億年かのちには、地球に新しい超大陸が出現すると考えられているのです。おそらくそのとき、超大河もできるでしょう。はたして私たちの子孫は、それを目にすることができるのでしょうか。

おわりに

川の謎解きはいかがだったでしょうか。本書で取り上げたのは、星の数ほどある川のほんの一部にすぎません。まだまだ紹介したい川はそれこそ山ほどありますが、それらについてはまたの機会とさせてください。

この本を書くことになったそもそものきっかけは「はじめに」でも書いたように、これまでに山と海の本を書いているので「今度は川だね」「そうだね」といった会話を友人としていたことにあったのですが、じつはもう少し意味深長な動機もあったのです。それは天竜川です。

あるとき地図帳を見ていて、伊那谷には上流にもかかわらず長い橋が架かっていることなどから、本当に諏訪湖が天竜川の源流なのか疑問をもち、現地へ行ったのです。「天竜川源流河口巡検」と称して有志を募ったところ、多くの方々に参加していただき、議論していただきました。

その後も、そもそも源流とは何かを考えるために甲武信岳へ登った折に千曲川や富士川の源流を訪ね、多摩川では三度目の挑戦で源流の笠取山への登頂を達成して河口までを踏破しました。

このようなことが、この本を書くに至った理由です。

今年の正月には、出雲大社への旅行の途中に島根県の足立美術館に立ち寄り、庭園を散策して日本の庭園の基本的な構図がじつは川にあるということに思い当たりました。遠くの山々を借景として、その源流から水が滝や川として流れ下り、庭園の中の池、つまり海へと流れ込むまでの、川の一生を表現しているのです。これは京都の庭園の枯山水も同じかもしれないと思いました。このような経緯も、川について考えることに拍車をかけたのでした。

実際に天竜川が大陸につながっていたかどうかは、証明することも否定することも困難です。日本列島の2000万年にわたる歴史と古地理を詳細に解明しなければならず、現在の段階では調査や研究が不足しています。そもそも川の研究は難しいので、川の歴史や成り立ちについてはもう誰もやろうとしないのが現状です。大陸に大きな川が3つあるというのも、かなり思い切った考えだと思います。これは世界地図を眺めていれば気がつくことですが、その必然性を証明するのはやはり至難の業です。

第3部に書いたこれらの川の試論は、いつかは誰かがやるかもしれない、いや、ぜひやってほしいという私の夢にすぎません。本書であえて取り上げてみたのは、自然現象には当たり前のように見えても、そのからくりがさっぱりわからないことがたくさんあるように思うからです。

この本を書くことを強く勧めてくださったのは作家の藤崎慎吾さんでした。彼は多摩川の紀行巡検にも参加していただき「今度は川だね」と言ってくれました。平塚市立博物館の森慎一氏と海洋研究開発機構の萱場うい子さんからは原稿を読んでさまざまなアドバイスをいただき、また図面を提供していただきました。

天竜川では現地の研究家・松島信幸さんや飯田美術博物館の村松武さん、元産業技術総合研究所の湯浅真人さん、同行していただいた生命の星地球博物館長の平田大二さん、前述の森慎一さん、文部科学省の西川徹さんたちと議論していただきました（ただ、プロジェクトが完成できなかったのが残念です）。天竜川や多摩川の源流河口紀行巡検、さらに相模川の巡検に参加していただいた多くの専門家や愛好家の人たちには、現地での議論や反省会などでさまざまなご意見をいただきました。講談社の山岸浩史さんには原稿の拙さを補っていただきました。最初の原稿では濃厚な学術的記載などが多かったのですが、原稿の段階で短縮され、一般書にふさわしい内容に生まれかわったのは山岸さんに負うところが大です。これらの方々の援助がなければ、この本は日の目を見ることはなかったでしょう。これらの方々に感謝申し上げます。

平成26年9月吉日
日本海へと沈む夕日を望みつつ
日本の川が大陸へとつながるかを考えながら

藤岡換太郎

参考図書

フェリペ・フェルナンデス・アルメスト、関口篤訳　２００９『世界探検全史』青土社
朝日新聞社編　１９７６『流域紀行』朝日新聞社
土木学会関西支部編　１９９８『川のなんでも小事典』講談社ブルーバックス
江本嘉伸　１９８６『ルポ黄河源流紀行』読売新聞社
学習研究社編　２００４『週刊にっぽん川紀行』1―30号　学習研究社
蕙谷治　１９９０『ギアナ高地を行く』徳間書店
花井重次編　１９６０『新世界地理2　アジア総論』朝倉書店
ムーア・ヘッド、篠田一士訳　１９６３『青ナイル』筑摩書房
ムーア・ヘッド、篠田一士訳　１９６３『白ナイル』筑摩書房
スウェン・ヘディン、岩村忍訳　１９６８『さまよえる湖』角川文庫
アーサー・ホームズ著、ドリス・ホームズ改訂、上田誠也、貝塚爽平、兼平慶一郎、小池一之、河野芳輝訳
『一般地質学Ⅱ』東京大学出版会
堀淳一　１９９６『意外な水源・不思議な分水　ドラマを秘めた川たち』東京書籍
エルスペス・ハクスリー、長島信弘訳　１９７５『ナイルの彼方へ　図説探検の世界史11』集英社
石弘之　２００９『キリマンジャロの雪が消えていく―アフリカ環境報告』岩波新書
石井良治　１９８８『湖が消えた、ロプノールの謎』筑摩書館
貝塚爽平　１９９８『地形発達史』東京大学出版会
蟹澤聡史　２０１０『石と人間の歴史』中公新書
松浦秀俊　２０００『川に親しむ』岩波ジュニア新書
都城秋穂　１９９１『岩波講座　地球科学16』岩波書店
森下郁子　１９８９『アマゾン川紀行』ＮＨＫブックス

向一陽　２００３『日本川紀行』中公新書
村松昭　１９８７『多摩川散策絵図』聖岳社
村松昭　１９９１『相模川散策絵図』聖岳社
中西準子　１９９１『東海道　水の旅』岩波ジュニア新書
ＮＨＫ取材班　１９６８『ナイル』日本放送出版協会
ＮＨＫ取材班　１９８６『大黄河』１―５　日本放送出版協会
西沢利栄、小池洋一　１９９２『アマゾン生態と開発』岩波新書
小倉紀雄、島谷幸宏、谷田一三編　２０１０『図説　日本の河川』朝倉書店
小出博　１９７２『日本の河川研究―地域性と個別性―』東京大学出版会
小野有五　１９９７『川とつきあう』岩波書店
寺田寅彦、ロブノールその他、小宮豊隆編、寺田寅彦随筆集第三巻　岩波文庫
大熊孝　２００７『洪水と治水の河川史』平凡社
阪口豊、高橋裕、大森博雄　１９８６『日本の川』岩波新書
志賀重昂、近藤信行校訂　１９９５『日本風景論』岩波文庫
Ｈ・Ｍ・スタンリー　１９９５『緑の探検リビングストン発見記』小学館
末次忠司　２００５『図解雑学　河川の科学』ナツメ社
鈴木理生　２００３『川を知る事典』日本実業出版社
諏訪兼位　１９９７『裂ける大地　アフリカ大地溝帯の謎』講談社
諏訪兼位　２００３『アフリカ大陸から地球がわかる』岩波ジュニア新書
高橋裕　１９７１『国土の変貌と水害』岩波新書
高橋裕、阪口豊　１９７６『日本の川』岩波科学46巻４８８―４９９．
高山茂美　１９８６『川の博物誌　理科年表読本』丸善
富山和子　１９８７『水の旅』文芸春秋

富山和子　１９９０『水の文化史』文芸春秋
富山和子　１９９４『川は生きている』講談社
辻村太郎　１９２３『地形学』古今書院
辻村太郎　１９５２『地形の話』古今書院
辻村太郎、佐藤久、式正英校訂　１９８４『改版日本地形誌』古今書院
Wager, L.R., 1937, The Arun River drainage pattern and the rise of the Himalaya, Geographical Journal, 89, 239-250.
渡辺光編　１９５９『新世界地理４　東南アジア』朝倉書店
安岡章太郎　１９６６『利根川』朝日新聞社
アンヌ・ユゴン、堀信行監修　１９９３『アフリカ大陸探検史』創元社
吉川虎雄　１９９７『大陸棚』古今書院
青木玲二　２００１『多摩川を歩く―源流から河口まで１３８㎞を探る』ＪＴＢ
瓜生卓造　１９８１『多摩川源流を行く』東京書籍
大内尚樹　１９９１『多摩川水流紀行―河口から源流まで１３８㎞―』白山書房
津波克明、片岡理智・清水克悦　１９９９『多摩川ガイドブック』けやき出版
平野勝　２００１『多摩川をいく』東京新聞出版局
今尾恵介　２００１『多摩川絵図』けやき出版
調布市郷土博物館編『多摩川源流　河口空撮ビデオ』調布市郷土博物館
立松和平　１９９２『多摩川散歩』講談社
梓林太郎　１９９３『多摩川殺人事件』祥伝社
井上靖　１９６８『楼蘭』新潮文庫
杉本苑子　１９９４『玉川兄弟』文春文庫（原著は１９７５　朝日新聞社）

さくいん

N.D.C.452.94　222p　18cm

ブルーバックス　B-1885

川《かわ》はどうしてできるのか
地形のミステリーツアーへようこそ

2014年10月20日　第1刷発行
2025年6月17日　第10刷発行

著者　藤岡換《ふじおかかん》太郎《たろう》
発行者　篠木和久
発行所　株式会社講談社
〒112-8001 東京都文京区音羽2-12-21
電話　出版　03-5395-3524
販売　03-5395-5817
業務　03-5395-3615
印刷所　(本文表紙印刷) 株式会社ＫＰＳプロダクツ
(カバー印刷) 信毎書籍印刷株式会社
製本所　株式会社ＫＰＳプロダクツ

定価はカバーに表示してあります。

ISBN978−4−06−257885−1

発刊のことば

科学をあなたのポケットに

二十世紀最大の特色は、それが科学時代であるということです。科学は日に日に進歩を続け、止まるところを知りません。ひと昔前の夢物語もどんどん現実化しており、今やわれわれの生活のすべてが、科学によってゆり動かされているといっても過言ではないでしょう。

そのような背景を考えれば、学者や学生はもちろん、産業人も、セールスマンも、ジャーナリストも、家庭の主婦も、みんなが科学を知らなければ、時代の流れに逆らうことになるでしょう。

ブルーバックス発刊の意義と必然性はそこにあります。このシリーズは、読む人に科学的に物を考える習慣と、科学的に物を見る目を養っていただくことを最大の目標にしています。そのためには、単に原理や法則の解説に終始するのではなくて、政治や経済など、社会科学や人文科学にも関連させて、広い視野から問題を追究していきます。科学はむずかしいという先入観を改める表現と構成、それも類書にないブルーバックスの特色であると信じます。

一九六三年九月　　野間省一